入門 Kubernetes

Kelsey Hightower、Brendan Burns、Joe Beda　著

松浦 隼人　訳

本書で使用するシステム名、製品名は、それぞれ各社の商標、または登録商標です。
なお、本文中では™、®、©マークは省略しています。

Kubernetes: Up and Running
Dive into the Future of Infrastructure

Kelsey Hightower, Brendan Burns, and Joe Beda

Beijing · Boston · Farnham · Sebastopol · Tokyo

© 2018 O'Reilly Japan, Inc. Authorized Japanese translation of the English edition of "Kubernetes: Up and Running".
© 2017 Kelsey Hightower, Brendan Burns, and Joe Beda. All rights reserved. This translation is published and sold by permission of O'Reilly Media, Inc., the owner of all rights to publish and sell the same.

本書は、株式会社オライリー・ジャパンがO'Reilly Media, Inc.との許諾に基づき翻訳したものです。日本語版についての権利は、株式会社オライリー・ジャパンが保有します。

日本語版の内容について、株式会社オライリー・ジャパンは最大限の努力をもって正確を期していますが、本書の内容に基づく運用結果について責任を負いかねますので、ご了承ください。

私に冷静さを保たせてくれた Klarissa と Kelis に。そして、強固な仕事の哲学と、あらゆる困難を乗り越える方法を教えてくれた母に。

—— Kelsey Hightower

パンチカードとドットマトリックス用紙を家に持ってきて、私がコンピュータと恋に落ちるきっかけを作ってくれた父に。

—— Joe Beda

Robin、Julia、Ethan を始め、私が 3 年生の時にコモドール 64 を買うお金を貯めるためにクッキーを買ってくれたみんなに。

—— Brendan Burns

はじめに

Kubernetes へ捧げる言葉

　プロセスを再起動するために午前 3 時に起きねばならなかったシステム管理者、あるいはノート PC で動いたのと同じように動かないのを確認するためだけに本番にコードをプッシュした開発者、あるいはホスト名が更新されていなかったせいで本番システムに向けて負荷テストをかけてしまったシステムアーキテクト。Kubernetes はそんな人たちから感謝されるでしょう。こういった経験は悩みの種であり、あってはならないことです。Kubernetes はこれらの問題を解決するために生まれました。Kubernetes の目的をひとことで言えば、分散システムを構築し、デプロイし、メンテナンスするタスクを根本的にシンプルにすることです。Kubernetes は、信頼性の高いシステムを構築する長い経験を元にして、その経験が大喜びとまではいかないまでも楽しいものになるようデザインされてきました。みなさんがこの本を楽しんでくれることを願っています。

この本を読むべき人

　あなたが分散システムを初めて触るとしても、クラウドネイティブなシステムを何年もデプロイしてきたとしても、コンテナと Kubernetes は、新しいレベルの速さ、機敏さ、信頼性、効率性を実現する手助けしてくれます。この本では、Kubernetes クラスタオーケストレータについてと、分散アプリケーションの開発、デリバリ、メンテナンスを改善するために、Kubernetes のツールおよび API がどのように役立つのかについてを書いています。この本を最大限に使うのに Kubernetes の使用経験は必要ありませんが、サーバベースのアプリケーションを構築してデプロイできた方がよいでしょう。ロードバランサやネットワークストレージといったコンセプトへ

の理解があればよいですが、必須ではありません。また、Linux、Linux コンテナ、Docker の経験はこの本を読むのに役立ちますが、これらも必須ではありません。

この本を書いた理由

著者である私たちは、その始まりの頃から Kubernetes に関わっています。当初は実験的に使われていた Kubernetes ですが、現在は機械学習からオンラインサービスまで、多くの分野における大規模なアプリケーションを動かすのに不可欠な、本番で使える品質のインフラになっています。この移り変わりを見るのは、本当に素晴らしいことでした。この変化の中で、クラウドネイティブなアプリケーションの開発のためには、Kubernetes の核となるコンセプトの使い方と、そのコンセプトが開発された背景の両方を書いた本が重要になると分かってきました。この本を読むことで、Kubernetes 上に信頼性が高くスケーラブルなアプリケーションを構築する方法を学ぶだけでなく、Kubernetes の開発につながった分散システムの困難な課題への深い理解を得ることを願っています。

今日のクラウドネイティブなアプリケーションへひとこと

最初のプログラミング言語からオブジェクト指向プログラミングまで、あるいは仮想化やクラウドインフラの開発まで、コンピュータ科学の歴史とは、複雑さを隠して、より洗練されたアプリケーションを作るための抽象化の歴史です。その努力にもかかわらず、信頼性が高くスケーラブルな分散アプリケーションの開発は、ずっと困難なままです。しかしこの数年、コンテナや Kubernetes のようなコンテナオーケストレーション API が、信頼性が高くスケーラブルな分散システムの開発を根本的にシンプルにしてくれる重要な抽象化の仕組みになってきています。コンテナやオーケストレータはまだ主流になる途中ですが、これらの仕組みによって、数年前には実現できなかったスピードや機敏さ、信頼性を持ってアプリケーションを構築してデプロイできるようになりつつあります。

この本の構成

この本は次のように構成されています。1 章では、詳細すぎない程度に Kubernetes の利点の概要を述べます。Kubernetes を初めて触るなら、この章を読

めばこれから何を学ぶのか分かります。2章は、コンテナあるいはコンテナ化されたアプリケーション開発についての詳しい入門編です。今までDockerを実際に触ったことがないなら、この章はよい導入になります。すでにDockerに関する経験があるなら、この章のほとんどは復習になるはずです。

3章では、どのようにKubernetesをデプロイするのかを扱います。この本の多くはKubernetesの使い方に焦点を当てていますが、使い始める前にクラスタを立ち上げて動かす必要があります。本番環境向けにクラスタを動かすことはこの本の対象ではありませんが、この章では、どのようにKubernetesが動くのかを理解できるように、クラスタを作る簡単な方法を紹介しています。

5章からは、Kubernetes上にアプリケーションをデプロイする方法を見ていきます。具体的には、Pod（5章）、LabelとAnnotation（6章）、Service（7章）、ReplicaSet（8章）です。これらは、KubernetesでServiceをデプロイする時に知っておくべき基本要素です。

これらの章に続いて、DaemonSet（9章）、Job（10章）、ConfigMapとSecret（11章）といった、Kubernetesにおける特別なオブジェクトを扱います。これらの章に書かれていることは、Kubernetes上で本番のアプリケーションを使うなら重要ですが、単にKubernetesを学習するだけなら読み飛ばして、もっと経験と知識を身につけてから読んでも構いません。

それから、完成済みのアプリケーションのライフサイクルに直接関係して来るDeployment（12章）、Kubernetesへのストレージの統合（13章）を学びます。最後に、実際に使われているアプリケーションをKubernetes上で開発してデプロイする例で、この本を締めくくります。

オンラインリソース

Docker（https://docker.com）をインストールする必要があります。まだDockerのドキュメントに馴染みがないなら慣れておきましょう。

また、kubectlコマンドラインツール（https://kubernetes.io）もインストールする必要があります。Kubernetesについて話したり、質問に答えようとしている人たちがいる大きなコミュニティである、SlackのKubernetesワークスペース（http://slack.kubernetes.io）にも入ってみましょう[†1]。

[†1] 訳注：このSlackワークスペース内には、日本語チャンネル #jp-users、#jp-events もあります。

最後に、より高度な技術を身につけるにつれて、GitHub 上の Kubernetes のオープンソースリポジトリ（https://github.com/kubernetes/kubernetes）に参加するのもよいでしょう。

この本で使用する慣例

この本では、次のフォントを使用します。

太字
　新しい単語、重要な言葉を示します。

等幅
　プログラムの内容、または本文中でプログラムの要素、例えば変数名や関数名、データベース、データ型、環境変数、宣言、キーワードなどを参照する際に使用します。

等幅の太字
　コマンドなど、表記どおりにユーザに入力されるべきものを表示します。

このアイコンは、Tips、提案、一般的なメモを意味します。

このアイコンは、警告または注意を示します。

サンプルコードの使用

補足資料（サンプルコード、練習問題など）は、https://github.com/kubernetes-up-and-running/examples からダウンロードできます。

> ### 日本語版の追加情報について
>
> 　原著はKubernetes 1.6または1.5をベースに書かれています。本書である日本語版はそれを元に翻訳していますが、適宜注釈などで新しい情報を追加し、翻訳完了時点の最新バージョンである1.9に対応しています。
>
> 　リポジトリ内の情報は、Kubernetes 1.5あるいは1.6に対応したものです。翻訳時の最新バージョンであるKubernetes 1.9に対応したものを、日本版独自の情報として `https://github.com/doublemarket/kuar-examples-1-9` からダウンロードできます。

　本書が目標としているのは、読者の皆さんが仕事をやり遂げる手助けをすることです。一般に、本書に含まれているサンプルコードは、読者の皆さんのプログラムやドキュメンテーションで使っていただいてかまいません。本書のコードを相当部分を再利用しようとしているのでなければ、私たちに連絡して許可を求める必要もありません。例えば、プログラムを書く際に本書のコードのいくつかの部分を使う程度であれば、許可は不要です。コードのサンプルCD-ROMの販売や配布を行いたい場合は、許可が必要です。本書のサンプルコードの相当量を、自分のプロダクトのドキュメンテーションに収録する場合には、許可が必要です。

　出典を表記していただけるときには感謝しますが、出典の表記を要求するつもりはありません。出典の表記には、一般に、タイトル、著者、出版社、ISBNが含まれます。例えば、"Kubernetes: Up and Running, by Kelsey Hightower, Brendan Burns, and Joe Beda (O'Reilly), 978-1-491-93567-5."（日本語版『入門Kubernetes』Kelsey Hightower、Brendan Burns、Joe Beda著、オライリー・ジャパン、ISBN978-4-87311-840-6）のような形です。あなたのサンプルコードの使い方が公正使用の範囲を逸脱したり、上記の許可の範囲を越えるように感じる場合には、permissions@oreilly.comに英語でお問い合わせください。

お問い合わせ先

本書に関する意見、質問等はオライリー・ジャパンまでお寄せください。連絡先は次の通りです。

　　株式会社オライリー・ジャパン
　　電子メール　japan@oreilly.co.jp

この本のWebページには、正誤表やコード例などの追加情報が掲載されています。次のURLを参照してください。

　　https://shop.oreilly.com/product/0636920043874.do（原書）
　　https://www.oreilly.co.jp/books/9784873118406（和書）

この本に関する技術的な質問や意見は、次の宛先に電子メール（英文）を送ってください。

　　bookquestions@oreilly.com

オライリーに関するその他の情報については、次のオライリーのWebサイトを参照してください。

　　https://www.oreilly.co.jp
　　https://www.oreilly.com/（英語）

目 次

| はじめに | vii |

1章 Kubernetes 入門 1
  1.1   ベロシティ 2
      1.1.1   イミュータブルであることの価値 3
      1.1.2   宣言的設定 4
      1.1.3   自己回復するシステム 5
  1.2   サービスとチームのスケール 6
      1.2.1   分離 6
      1.2.2   アプリケーションとクラスタの簡単なスケール 7
      1.2.3   マイクロサービスによる開発チームのスケール 8
      1.2.4   一貫性とスケールのための依存関係の切り離し 9
  1.3   インフラの抽象化 11
  1.4   効率性 12
  1.5   まとめ 13

2章 コンテナの作成と起動 15
  2.1   コンテナイメージ 16
      2.1.1   Docker イメージフォーマット 17
  2.2   Docker でのアプリケーションイメージの作成 19
      2.2.1   Dockerfile 19
      2.2.2   イメージのセキュリティ 20
      2.2.3   イメージサイズの最適化 20
  2.3   リモートレジストリへのイメージの保存 21

	2.4	Docker コンテナランタイム 23
	2.4.1	Docker でコンテナを動かす 23
	2.4.2	kuard アプリケーションへのアクセス 23
	2.4.3	リソース使用量の制限 24
	2.5	後片付け 25
	2.6	まとめ 26

3章　Kubernetes クラスタのデプロイ 27
	3.1	パブリッククラウドへの Kubernetes のインストール 28
	3.1.1	Google Kubernetes Engine への Kubernetes の インストール 28
	3.1.2	Azure Container Service への Kubernetes のインストール .. 29
	3.1.3	Amazon Web Service への Kubernetes のインストール 30
	3.2	minikube を使ったローカルへの Kubernetes の インストール 30
	3.3	Raspberry Pi で Kubernetes を動かす 31
	3.4	Kubernetes クライアント 32
	3.4.1	クラスタのステータス 32
	3.4.2	Kubernetes のワーカノードの表示 33
	3.5	クラスタのコンポーネント 36
	3.5.1	Kubernetes proxy 36
	3.5.2	Kubernetes DNS 36
	3.5.3	Kubernetes の UI 37
	3.6	まとめ 38

4章　よく使う kubectl コマンド 39
	4.1	Namespace 39
	4.2	Context 39
	4.3	Kubernetes API オブジェクトの参照 40
	4.4	Kubernetes オブジェクトの作成、更新、削除 41
	4.5	オブジェクトの Label と Annotation 42
	4.6	デバッグ用コマンド 43

		4.7	まとめ	44
5章			**Pod**	**45**
	5.1		Kubernetes における Pod	46
	5.2		Pod 単位で考える	47
	5.3		Pod マニフェスト	47
		5.3.1	Pod の作成	48
		5.3.2	Pod マニフェストの作成	49
	5.4		Pod を動かす	50
		5.4.1	Pod の一覧表示	50
		5.4.2	Pod の詳細情報	51
		5.4.3	Pod の削除	53
	5.5		Pod へのアクセス	53
		5.5.1	ポートフォワードの使用	53
		5.5.2	ログからの詳細情報の取得	54
		5.5.3	exec を使用したコンテナ内でコマンド実行	55
		5.5.4	コンテナとローカル間でのファイル転送	55
	5.6		ヘルスチェック	56
		5.6.1	Liveness probe	56
		5.6.2	Readiness probe	58
		5.6.3	ヘルスチェックの種類	58
	5.7		リソース管理	58
		5.7.1	リソース要求：必要最低限のリソース	59
		5.7.2	limits を使ったリソース使用量の制限	61
	5.8		Volume を使ったデータの永続化	62
		5.8.1	Volume と Pod の組み合わせ	62
		5.8.2	Volume と Pod を組み合わせる別の方法	63
		5.8.3	リモートディスクを使った永続化データ	64
	5.9		すべてまとめて実行する	65
	5.10		まとめ	67

6章 Label と Annotation 69
- 6.1 Label 69
  - 6.1.1 Label の適用 70
  - 6.1.2 Label の変更 72
  - 6.1.3 Label セレクタ 73
  - 6.1.4 API オブジェクト内の Label セレクタ 75
- 6.2 Annotation 76
  - 6.2.1 Annotation の定義 77
- 6.3 後片付け 78
- 6.4 まとめ 78

7章 サービスディスカバリ 81
- 7.1 サービスディスカバリとは 81
- 7.2 Service オブジェクト 82
  - 7.2.1 Service DNS 83
  - 7.2.2 Readiness probe 85
- 7.3 クラスタの外に目を向ける 87
- 7.4 クラウドとの統合 89
- 7.5 より高度な詳細 90
  - 7.5.1 Endpoints 90
  - 7.5.2 手動でのサービスディスカバリ 92
  - 7.5.3 kube-proxy とクラスタ IP 93
  - 7.5.4 クラスタ IP 関連の環境変数 94
- 7.6 後片付け 95
- 7.7 まとめ 95

8章 ReplicaSet 97
- 8.1 調整ループ 98
- 8.2 Pod と ReplicaSet の関連付け 98
  - 8.2.1 既存のコンテナを養子に入れる 99
  - 8.2.2 コンテナの検疫 99
- 8.3 ReplicaSet を使ったデザイン 100

8.4	ReplicaSetの定義	100
8.4.1	Podテンプレート	101
8.4.2	Label	102
8.5	ReplicaSetの作成	102
8.6	ReplicaSetの調査	103
8.6.1	PodからのReplicaSetの特定	103
8.6.2	ReplicaSetに対応するPodの集合の特定	104
8.7	ReplicaSetのスケール	104
8.7.1	kubectl scaleを使った命令的スケール	104
8.7.2	kubectl applyを使った宣言的スケール	105
8.7.3	ReplicaSetのオートスケール	106
8.8	ReplicaSetの削除	108
8.9	まとめ	108

9章　DaemonSet 109

9.1	DaemonSetスケジューラ	110
9.2	DaemonSetの作成	110
9.3	特定ノードに対するDaemonSetの割り当ての制限	113
9.3.1	ノードへのLabelの追加	113
9.3.2	ノードセレクタ	114
9.4	DaemonSetの更新	116
9.4.1	個別のPodの削除によるDaemonSetの更新	116
9.4.2	DaemonSetのローリングアップデート	116
9.5	DaemonSetの削除	118
9.6	まとめ	118

10章　Job 119

10.1	Jobオブジェクト	119
10.2	Jobのパターン	120
10.2.1	1回限り	120
10.2.2	一定数成功するまで並列実行	126

　　　　10.2.3　並列実行キュー 128
　　10.3　まとめ 133

11章　ConfigMapとSecret 135
　　11.1　ConfigMap 135
　　　　11.1.1　ConfigMapの作成 135
　　　　11.1.2　ConfigMapの使用 137
　　11.2　Secret 140
　　　　11.2.1　Secretの作成 141
　　　　11.2.2　Secretの使用 142
　　　　11.2.3　プライベートDockerレジストリ 144
　　11.3　命名規則 145
　　11.4　ConfigMapとSecretの管理 146
　　　　11.4.1　一覧表示 146
　　　　11.4.2　作成 147
　　　　11.4.3　更新 148
　　11.5　まとめ 150

12章　Deployment 151
　　12.1　最初のDeployment 152
　　　　12.1.1　Deploymentの仕組み 152
　　12.2　Deploymentの作成 154
　　12.3　Deploymentの管理 156
　　12.4　Deploymentの更新 157
　　　　12.4.1　Deploymentのスケール 157
　　　　12.4.2　コンテナイメージの更新 158
　　　　12.4.3　ロールアウト履歴 159
　　12.5　Deployment戦略 163
　　　　12.5.1　Recreate戦略 163
　　　　12.5.2　RollingUpdate戦略 163
　　　　12.5.3　サービスの正常性を確保するゆっくりしたロールアウト 167
　　12.6　Deploymentの削除 169

12.7	まとめ	170

13章 ストレージソリューションとKubernetesの統合 171

13.1	外部サービスのインポート	172
	13.1.1 セレクタのないService	174
	13.1.2 外部サービスの制限：ヘルスチェック	176
13.2	信頼性のある単一Podの実行	176
	13.2.1 MySQLの単一Podでの実行	176
	13.2.2 動的ボリューム割り当て	181
13.3	StatefulSetを使ったKubernetesネイティブなストレージ	182
	13.3.1 StatefulSetの特徴	183
	13.3.2 StatefulSetを使ったMongoDBの手動レプリケーション設定	184
	13.3.3 MongoDBクラスタ構築の自動化	187
	13.3.4 PersistentVolumeとStatefulSet	191
	13.3.5 最後のポイント：Liveness probe	192
13.4	まとめ	192

14章 実用的なアプリケーションのデプロイ 193

14.1	Parse	193
	14.1.1 前提条件	194
	14.1.2 parse-serverの構築	194
	14.1.3 parse-serverのデプロイ	195
	14.1.4 Parseのテスト	196
14.2	Ghost	196
	14.2.1 Ghostの設定	197
14.3	Redis	201
	14.3.1 Redisの設定	201
	14.3.2 RedisのServiceの作成	204
	14.3.3 Redisのデプロイ	204
	14.3.4 Redis Clusterを触ってみる	206
14.4	まとめ	207

付録 A　Raspberry Pi を使った Kubernetes クラスタ構築.........209
    A.1　パーツ一覧..209
    A.2　イメージの書き込み..210
    A.3　マスタの起動..211
        A.3.1　ネットワークのセットアップ..211
        A.3.2　Kubernetes のインストール 214
        A.3.3　クラスタのセットアップ 215
    A.4　まとめ 217

訳者あとがき 219

索引..221

1章
Kubernetes 入門

　Kubernetes は、コンテナ化されたアプリケーションをデプロイするための、オープンソースのオーケストレータです。Kubernetes は、コンテナ上で動くスケーラブルかつ信頼性の高いシステムを、アプリケーション指向の API を通じてデプロイしてきた経験を元にして、当初は Google が開発しました[†1]。

　しかし、Kubernetes は、Google が開発した技術を単に外部に公開しただけのものではありません。Kubernetes は、大きく成長しているオープンソースコミュニティによるプロダクトに育ってきました。これは、Kubernetes が巨大な企業のニーズにだけ合うものではなく、Raspberry Pi のクラスタから最新マシンの巨大クラスタまで、あらゆる規模におけるクラウドネイティブな開発者たちの要求にも応えることを意味しています。Kubernetes は、信頼性が高くスケーラブルな分散システムを、上手に構築してデプロイするために必要なソフトウェアを提供しています。

　ここでの「信頼性が高くスケーラブルな分散システム」とは何を指すのか気になるかもしれません。今日、たくさんのサービスがネットワーク上で API を通じて提供されています。API の多くは**分散システム**上で動いています。分散システムとは、異なるマシンの上で動作する API を実装する部品の集まりであり、ネットワーク通信を介して連携して動作しています。人々の日常生活は、あらゆる面で API に依存するようになってきているため、API を支えるシステムは**信頼性**が高い必要があります。したがって、システムの一部がクラッシュしたり障害になった場合でも、システム全体が障害を起こすことは許されません。またこれらのシステムは、ソフトウェアの展開やその他のメンテナンス作業があっても、**可用性**を保つ必要があります。さらに、

[†1] Brendan Burns et al., "Borg, Omega, and Kubernetes: Lessons Learned from Three Container-Management Systems over a Decade," ACM Queue 14 (2016) : 70–93. http://bit.ly/2vIrL4Sからダウンロード可能。

ますます多くの人々がネットワークに接続し、いろいろなサービスを使うようになっています。そのため、サービスを実装する分散システムを大きくデザインし直すことなく、増え続ける利用状況に追いつくようにキャパシティを拡大させるために、システムは**スケーラブル**でなければなりません。

この本を手にした理由とタイミングによって、コンテナや分散システム、あるいはKubernetesに関する読者の経験レベルはさまざまでしょう。その経験に関係なく、この本によって読者がKubernetesを最大限に活用できるようになると確信しています。

コンテナやKubernetesのようなコンテナAPIを使う理由はたくさんありますが、その理由は次のどれかに当てはまるでしょう。

- ベロシティ（Velocity）
- （ソフトウェアとチームの両方の意味で）スケールすること
- インフラの抽象化
- 効率性

この後の節では、Kubernetesがこれらの利点をどのように提供しているのかを説明していきます。

1.1 ベロシティ

ベロシティ（Velocity）は、今日におけるほとんどすべてのソフトウェア開発の鍵となるコンポーネントです。CDに入れられて出荷される市販のソフトウェアから、数時間ごとに変更されるWebベースのサービスへと、ソフトウェアの性質が移り変わっているので、新しいコンポーネントや機能を開発しデプロイできるスピードが、競合相手と差をつける要素になるケースが多くなっています。

ただし、ここで言う速さとは、単なるスピードではありません。ユーザは反復的な改善を常に求めている一方で、信頼性の高いサービスにも関心があります。ひと昔前は、毎晩深夜にメンテナンスのためにシステムがダウンするのは許容されていました。しかし今日では、ソフトウェアが継続的に変化していても、ユーザはシステムが常に動いていることを求めています。

その結果、単にたくさんの機能を世に出せばいいのではなく、可用性の高いサービ

スを動かし続けながら世に出せたものの数で、速さを測ることになります。

この点において、可用性を保ちながらもすばやく進化していくのに必要なツールを、コンテナとKubernetesは提供できます。これを可能にする核となるコンセプトが、イミュータブルであること（immutability）、宣言的設定（declarative configuration）、オンラインで自己回復するシステム（online self-healing system）の3つです。これらの考え方がすべて関連し合うことで、信頼性を保ちながらソフトウェアをデプロイするスピードを劇的に速くします。

1.1.1　イミュータブルであることの価値

コンテナとKubernetesは、イミュータブルなインフラの原則を守って分散システムを構築するように、開発者を後押しします。イミュータブルなインフラでは、一度システム上で成果物を作成したら、ユーザによる更新があってもその成果物は変更されません。

伝統的には、コンピュータとソフトウェアシステムはミュータブルなインフラとして扱われてきました。ミュータブルなインフラでは、既存のシステムに対するある変更は、システムに対する変更の積み重ねとして適用されます。apt-get updateツールを使ったシステムのアップデートは、ミュータブルなシステムに更新を加えるよい例です。aptコマンドを実行すると、順番に更新バイナリがダウンロードされ、古いバイナリの上にそれがコピーされ、設定ファイルに変更が追加されます。ミュータブルなシステムでは、インフラの現在の状態はある1つの成果物によって表現されるのではなく、追加されてきた更新や変更の積み重ねとして表現されます。通常、システムでのこのような追加の更新は、単なるシステムのアップグレードだけではなく、オペレータによる変更も含みます。

その一方でイミュータブルなシステムでは、積み重ねられてきた一連の更新や変更の代わりに、全く新しいイメージが作られ、1回のオペレーションでイメージ全体をその新しいイメージで置き換えてしまいます。変更が積み重ねられていくことはありません。これは、設定管理に関する従来の考え方から、大きく異なります。

この転換がコンテナの世界でどのように適用できるのか理解するため、ソフトウェアをアップグレードする際の次の2つの方法を考えてみましょう。1つめはミュータブルな方法、2つめはイミュータブルな方法です。

1. コンテナにログインし、新しいソフトウェアをダウンロードするコマンドを実行し、ソフトウェアをインストールし、サーバプロセスを再起動する。
 2. 新しいコンテナイメージを構築し、そのイメージをコンテナレジストリにプッシュし、既存のコンテナを停止し、新しいコンテナを起動する。

一見、これらの2つのアプローチは似ていると思うかもしれません。では、信頼性を向上させる新しいコンテナを構築しているのはどちらでしょうか。

鍵となる違いは、作成した成果物と、それを作成した方法の記録です。これらの記録があることで、新しいバージョンでの違いが簡単に分かるようになります。このため、問題が起きた時にも、何が変更され、どのように修正すべきなのかが突き止めやすくなります。

さらに、既存のイメージを変更せずに新しいイメージを構築すると、古いイメージを残しておけます。すると、エラーが起きた時のロールバックのために、この古いイメージをすぐに使用できます。一方、既存のバイナリに新しいバイナリを上書きしてしまうと、ロールバックはほとんど不可能になります。

イミュータブルなコンテナイメージは、Kubernetes 上で構築するものの中で最も重要です。稼働中のコンテナを命令的に変更するのは可能ですが、他に方法がない場合の極端なケース（ミッションクリティカルな本番システムを一時的に修正するのに他に方法がない場合など）にのみ行うアンチパターンです。その場合でも、トラブルが解決した後のある時点で、これらの変更を宣言的設定に反映する必要があります。

1.1.2　宣言的設定

イミュータブルであることは、クラスタ上でコンテナを動かすだけでなく、Kubernetes に対してアプリケーションを記述する方法にも当てはまります。Kubernetes 上ではあらゆるものが、システムの望ましい状態を表現する**宣言的設定のオブジェクト**です。

ミュータブルなインフラとイミュータブルなインフラの関係のように、宣言的設定と**命令的設定**は考え方が対照的です。命令的設定では、望ましい状態を宣言するのではなく、一連の命令の実行によって状態が定義されます。命令的なコマンドがアクションを定義する一方で、宣言的設定は状態を定義します。

これらの2つのアプローチを理解するため、あるソフトウェアでレプリカ[†2]を3つ生成するタスクを考えてみましょう。このタスクのための設定に、命令的なアプローチでは「Aを起動、Bを起動、Cを起動」です。これに対応する宣言的な設定は「レプリカ数は3に等しい」となります。

　宣言的設定では状態を記述するので、実際に実行してみなくても、実行するとどういう結果になるか具体的に宣言されています。宣言的設定では、実行する前にどうなるかが分かるので間違いが起こりにくくなります。また、宣言的設定では、ソフトウェア開発の伝統的なツールであるソース管理、コードレビュー、ユニットテストなど仕組みを、命令的設定ではうまく適用しにくかった方法で使用できます。

　バージョン管理システムに保存された宣言的状態と、望ましい状態とを最終的に一致させるKubernetesの能力によって、変更のロールバックが簡単になります。要するに、システムの以前の宣言的状態を、もう一度適用すればいいだけです。命令的設定はA点からB点へ遷移する方法を記述するものであって、元に戻す方法まで含めることはめったにないので、命令的設定を使っているシステムでは通常はこのようなロールバックは不可能です。

1.1.3　自己回復するシステム

　Kubernetesはオンラインで自己回復するシステムです。望ましい状態の設定を受け取っても、現在の状態を望ましい状態に単に一致させておしまいではありません。Kubernetesは、現在の状態が望ましい状態に一致するよう継続して動きます。つまり、Kubernetesはシステムを初期化するだけでなく、その後もシステムを不安定にしたり信頼性に影響を及ぼしかねない障害やゆらぎからシステムを保護します。

　オペレータによる従来型の復旧作業は、手動の復旧策の実行やアラートに対する人間による介入というかたちで行われます。このような命令的な復旧作業は、オンコールのオペレータを用意する必要があるため、お金がかかります。また、作業のために人間が反応してログインする必要があるので、一般的に対応は遅くなります。さらにこのような命令的な復旧作業は、ここまで書いてきたような命令的設定の管理の問題の影響を受けるので、信頼性の低いものになります。Kubernetesのような自己回復するシステムは、オペレータの責任を軽減すると共に、信頼性の高い復旧策をより早く実行することによって、システム全体の信頼性を改善することもできます。

[†2]　訳注：全く同じ構成あるいは設定のサーバやソフトウェアのこと。複製。

このような自己回復の仕組みの具体的な例として、レプリカ数が3になるようKubernetesに対して操作を行った場合を考えてみましょう。この時、Kubernetesは単にレプリカを3つ作るのではありません。ぴったり3つのレプリカが存在するよう、Kubernetesは継続してはたらきます。あなたが4つめのレプリカを手動で作成した場合、レプリカの数を3に合わせるためにKubernetesはレプリカを1つ削除します。あなたがレプリカを1つ手動で削除した場合、望ましい状態に戻すためにKubernetesはレプリカを1つ作成します。

このように、オペレーションやメンテナンスに使っていた時間や労力を、新しい機能の開発やテストに使えるようになるので、オンラインで自己回復するシステムは開発の速さを改善してくれます。

1.2 サービスとチームのスケール

プロダクトが成長するにつれて、ソフトウェアと、ソフトウェアを開発するチームの両方のスケールが必要になってきます。Kubernetesは、この両方を達成するのに役立ちます。Kubernetesは、**分離**アーキテクチャを重視することで、スケーラビリティを実現しています。

1.2.1 分離

分離アーキテクチャでの各コンポーネントは、定義済みのAPIとサービスロードバランサによって他のコンポーネントから分けられています。APIとロードバランサは、システムの各部分を隔離します。APIは、APIを実装するコンポーネント（implementer）と、APIを使用するコンポーネント（consumer）の間のバッファになり、ロードバランサは各サービスを実行しているインスタンス間のバッファになっています。

コンポーネントをロードバランサで分離すると、サービスの他の層を調整したり設定し直したりせずにプログラムのサイズ（ひいてはキャパシティ）を大きくできるので、サービスを構成するプログラムをスケールするのが簡単になります。

サーバをAPIで分離すると、APIの開発を担当する各チームは、外部との接続部分が明確な小さな**マイクロサービス**に集中できるので、開発チームのスケールも簡単になります。マイクロサービス間が簡潔なAPIで接続されると、ソフトウェアのビルドやデプロイに必要なコミュニケーションオーバヘッドも小さく保てます。このコ

ミュニケーションオーバヘッドは、チームをスケールする時の制限事項になりがちです。

1.2.2 アプリケーションとクラスタの簡単なスケール

　Kubernetes のイミュータブルで宣言的な性質は、サービスのスケールの実装を簡単にします。コンテナはイミュータブルであり、レプリカの数は宣言的設定の中の単なる数字です。つまり、サービスを拡大していくことは、設定ファイル内の数字を変更して、その宣言の状態を Kubernetes に通知し、あとは Kubernetes に任せるだけです。オートスケールを設定すれば、Kubernetes にその後を任せてしまえます。

　もちろん、こういったスケールをするには、使用できるリソースがクラスタ内にある必要があります。クラスタ自体のスケールアップが必要な場合もあるでしょう。ここでも、Kubernetes のおかげで作業が簡単になります。クラスタ内の各マシンは他のマシンと完全に同じものとして扱えて、しかもそれぞれのアプリケーションはマシンの細かい部分とはコンテナによって分離されています。そのため、クラスタにリソースを追加することは、新しいマシンのイメージを作ってそれをクラスタに追加するだけです。これはいくつかのシンプルなコマンドか、作成済みのマシンイメージを使えば実現できます。

　マシンリソースをスケールする際の問題の1つに、使用状況の予測があります。物理インフラを動かしているなら、新しいマシンを追加するのは数日あるいは数週間かかるでしょう。物理インフラであってもクラウドインフラであっても、あるアプリケーションの成長やスケールの必要性を予測するのは困難なので、将来のコストを予測するのも難しくなります。

　Kubernetes は、将来のコスト予測をシンプルにします。その理由を理解するために、A、B、Cという3つのサービスをスケールさせる例を考えてみましょう。過去の経験から、それぞれのサービスの成長は非常に変化しやすく、予想しにくいことが分かっているとします。それぞれのサービスにマシンを割り当てる時、あるサービスに割り当てたマシンを他のサービスでは使用できないなら、各サービスの成長予測の最大値を元に予測を行うしかありません。ここで、個別のサービスから使用するマシンを切り離し、まとめて管理するのに Kubernetes を使うと、3つのサービスの全体の成長予測を合計したものを元にリソース使用の予測を立てられるようになります。3つの変数の成長率を1つの値にまとめることで、統計的なノイズを減らし、より信

頼性のあるリソース仕様の成長率の予測が立てられます。さらに、サービスからマシンを独立させると、各サービスがマシンの余剰リソースを共有できるので、計算リソースの成長予測に関連するオーバヘッドをかなり減らせます。

1.2.3 マイクロサービスによる開発チームのスケール

　多くの研究で指摘されているように、理想的なチームのサイズは「ピザ2枚分のチーム」、つまり大体6人から8人とされています。これは、このチームサイズが知識の共有やすばやい意思決定、目的意識の共有を促すからです。これよりも大きいチームは、ヒエラルキーの問題や見通しの悪さ、内輪もめなど、機敏さや成功を邪魔する要素に悩まされがちになります。

　しかし、多くのプロジェクトでは、成功や目標達成のためにもっと大きなリソースが必要になります。その結果、機敏さのために理想的なチームの大きさと、プロダクトの最終ゴール到達のために必要なチームの大きさの間で、せめぎ合いがあります。

　このせめぎ合いを解決するよくある方法として、それぞれ独立したサービス指向の各チームがマイクロサービス1つずつの開発を担当するという開発方法が取られてきました。それぞれのチームは、他のチームによって使用される1つのサービスのデザインと提供に責任を持ちます。最終的にはこれらのサービスの集まりが、プロダクト全体に必要な機能を提供することになります。

　Kubernetes は、このような分離されたマイクロサービスアーキテクチャの構築を簡単にする、たくさんの抽象化層や API を提供しています。

- Pod、すなわちコンテナのグループが、さまざまなチームが開発したコンテナイメージをグループ化して、1つの単位としてデプロイ可能にします。
- Serviceが、マイクロサービス間の分離のためにロードバランシングやネーミング、ディスカバリの機能を提供します。
- Namespaceが、マイクロサービス同士の連携範囲を制御できるよう、分離とアクセス制御を行います。
- Ingressが、複数のマイクロサービスをまとめつつ、単一の外部からアクセス可能な API を提供できる、簡単なフロントエンドを提供します。

アプリケーションコンテナイメージとマシンを分離すると、マイクロサービスがお互いに干渉することなく同じマシン上に同居できるので、マイクロサービスのオーバヘッドやコストを削減できます。また、Kubernetesのヘルスチェックとロールアウト[†3]の機能によって、アプリケーションのロールアウトと信頼性の考え方が一貫性のあるものになります。これによって、マイクロサービスチームを推進しても、サービスを展開するライフサイクルやオペレーションに、チームごとに違うアプローチを使ってしまうようなことを防げます。

1.2.4　一貫性とスケールのための依存関係の切り離し

オペレーションに一貫性をもたらすのに加えて、Kubernetesのスタックによる依存関係の切り離しと分離は、インフラの低いレベルでも一貫性を高めます。これにより、焦点を絞った小さなチームでも複数のマシンを管理できるよう、オペレーションをスケールできます。アプリケーションコンテナとマシンやOSの分離については詳しく話してきましたが、この分離で重要なのは、コンテナオーケストレーションAPIが、クラスタオーケストレーションのオペレータの責任と、アプリケーションオペレータの責任とを切り離すためのルールとして存在している点です。私たちはこれを「うちの猿じゃないし、うちのサーカスの話でもない[†4]」と呼んでいます。アプリケーション開発者は、SLA（Service-level agreement）がどのように実現されているのかを気にせずに、コンテナオーケストレーションAPIによって提供されるSLAに依存できます。コンテナオーケストレーションAPIのSRE（Site Reliability Engineer）は、自分の担当するオーケストレーションAPI上で動いているアプリケーションのことを気にせずに、SLAを守ることに集中できます。

この依存関係の切り離しにより、Kubernetesクラスタを動かすチーム自体は小さくても、そのクラスタ上で何千というサービスが動かせることになります（図1-1）。さらに、そのチームは数十（あるいはそれ以上）のクラスタが世界中で動いていても、クラスタの面倒を見られます。コンテナとOSを切り離すと、OSのSREが各マシンのOSのSLAに集中できるようになる点も重要です。これに、KubernetesのオペレータはOSのSLAに依存しつつ、OSのオペレータはOSのSLAを守ればよいというように、責任範囲を切り分けたことになります。ここでもまた、OS専門家の小さなチームで、たくさんのマシンの集まりを管理できるのです。

[†3]　訳注：ソフトウェアなどを展開すること。リリース、公開などとほぼ同じ意味で使っています。
[†4]　訳注："not my monkey, not my circus"「自分には関係ない」という意味のことわざ。

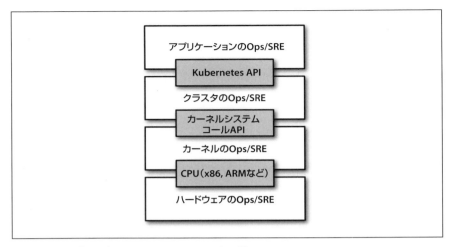

図1-1　APIを使った各オペレーションチームの切り離し

　もちろん、小規模だとしてもOSの管理にチームを割り当てるのは、難しいことが多いでしょう。そういった環境では、パブリッククラウドプロバイダが提供しているマネージドなKubernetes-as-a-Service（KaaS）が候補に挙がります。

　執筆時点では、Microsoft AzureのAzure Container Serviceと、Google Cloud PlatformのGoogle Kubernetes Engine（GKE）がマネージドKaaSとして使用できます。Amazon Web Service（AWS）には同等のサービスは存在しませんが[†5]、kopsプロジェクトが、AWS上でのKubernetesのインストールを簡単にしたり、管理できるようにするツールを提供しています（3章の「3.1.3　Amazon Web ServiceへのKubernetesのインストール」を参照）。

　KaaSを使うか自分でサーバを管理するかは、スキルや状況を考えて、必要とされるものに応じて判断します。小さな組織にとっては、クラスタを管理することよりも、仕事をサポートしてくれるソフトウェアを作ることに時間とエネルギーを使えるので、KaaSは簡単に使えるソリューションになります。Kubernetesクラスタを管理するのに専任のチームを用意できるような大きい組織では、クラスタの能力やオペレーションの点で大きな柔軟性がある自前のクラスタを持つ意味があります。

[†5]　訳注：2017年11月に、AWS上のKaaSであるAmazon EKSが発表されました。

1.3　インフラの抽象化

　パブリッククラウドの目的は、開発者が使用できる簡単でセルフサービスなインフラを提供することです。ところが、クラウドAPIのほとんどはITインフラを反映するものになっていて、開発者が使いたいコンセプトを表していません（例えば「アプリケーション」とは言わず「仮想マシン」と言うことなど）。さらに、クラウドを使うなら、多くの場合はクラウドプロバイダごとに異なる実装やサービスの詳細を知る必要があります。このようなAPIを直接使ってしまうと、複数のクラウドあるいはクラウドと物理環境をまたいでアプリケーションを動かすのは難しくなります。

　Kubernetesのようなアプリケーション指向のコンテナAPIへ移行するのは、2つの具体的な利点があります。1つめは、前に述べたように特定のマシンから開発者を分離できることです。クラスタをスケールするのに全体でマシンを共有できるようになると、単にマシン指向なITの作業が簡単になるだけではありません。開発者は、特定のクラウドインフラ向けの高レベルなAPIを使えるので、クラウド上で高度なポータビリティを持つこともできます。

　開発者がコンテナイメージでアプリケーションを構築し、ポータビリティのあるKubernetesのAPIを使ってそれをデプロイする場合、環境間でアプリケーションを移動したり、ハイブリッドな環境でアプリケーションを動かすには、単に宣言的設定を新しいクラスタに送ればいいだけになります。Kubernetesは、特定のクラウドを抽象化するたくさんのプラグインを持っています。例えば、主要なパブリッククラウドに加え、いくつかのプライベートクラウドや物理インフラ上でロードバランサを作成するそれぞれの方法を、KubernetesのServiceは知っています。さらに、KubernetesのPersistentVolumeやPersistentVolumeClaimを使えば、特定のストレージ実装を抽象化することも可能です。もちろん、このようなポータビリティを実現するには、クラウドマネージドサービス（AmazonのDynamoDBやGoogleのCloud Spannerなど）を使うのは避けなくてはなりません。つまり、Cassandra、MySQL、MongoDBといったオープンソースのストレージソリューションをデプロイして管理する必要があります。

　これらをすべて考え合わせると、Kubernetesのアプリケーション指向な抽象化層の上で構築を行うことで、アプリケーションの構築やデプロイ、管理の仕組みが、さまざまな環境において本当にポータブルなものになります。

1.4 効率性

　Kubernetesがもたらす開発者やIT管理に対する利点に加えて、抽象化には具体的な経済的利益もあります。開発者はマシンのことを考えなくてよくなるので、アプリケーションは何の影響も受けずに1台のマシンに同居できるようになります。つまり、複数のユーザからのタスクを、少数のマシンにきっちり詰め込めるようになるのです。

　効率性は、あるマシンやプロセスによって実行された意味のある処理と、その処理を実行するのに使用したエネルギーの合計量の比率で表せます。アプリケーションをデプロイして管理する場合には、多くのツールやプロセス（bashスクリプト、aptでのアップデート、命令的な設定管理など）は非効率なものになりがちです。効率性の話をする時は、動かしているサーバのコストと、それを管理するための人的コストの両方を考えるべきです。

　サーバを動かすには、電源使用料、冷却設備、データセンタのスペース、実計算能力といったコストがかかります。サーバをラックに入れて電源ボタンを押せば（あるいはクリックして起動すれば）、メータは文字どおり動き始めます。CPUのアイドル時間はそのままお金の無駄遣いです。したがって、使用率を一定に保つのはシステム管理者の責任の1つであり、継続的な管理が必要になります。これがコンテナとKubernetesのワークフローが入り込むところです。Kubernetesは、クラスタ全体にわたってアプリケーションの分散を自動化するツールを提供し、従来型のツールを使うよりも高い使用率を実現します。

　共用のKubernetesクラスタを個人単位で使える（Namespaceという機能を使用します）ようになり、開発者のテスト環境をコンテナのセットとしてすばやく安価に作るのが可能になる点でも、効率性が大きく改善されます。昔は、1人の開発者にテストクラスタを1つ作るだけで、3台のマシンを起動する必要がありました。Kubernetesを使えば、テストクラスタの使用量をまとめ、ずっと少ない数のマシン上で、簡単に全開発者のテストクラスタを動かせます。使用されるマシン全体の数を減らすと、各システムの効率化を後押しすることになります。これは、各マシンのリソース（CPU、RAMなど）がより多く使用され、コンテナあたりのコストが下がるためです。

　スタック内での開発インスタンスのコストを下げると、以前は非常にお金のかかるため不可能だった開発手法が可能になります。例えば、Kubernetesでデプロイされ

るアプリケーションを、各開発者がコントリビュートするコミット1つごとにテストしてデプロイできるようになります。

　複数の完全なかたちの仮想マシン（VM）ではなく、少数のコンテナ単位でデプロイごとのコストを計算すると、テストにかかるコストは劇的に下がります。テストの回数を増やすことは、コードの信頼性に対する強いシグナルを受けることでもあり、問題が起きやすい場所をすばやく見つけるのに必要な詳細情報を得られることにもなります。Kubernetesの元々の価値に戻ってみれば、これはより速さを求めることにつながります。

1.5　まとめ

　Kubernetesは、クラウド上にアプリケーションを構築しデプロイする方法を根底から変えるために作られました。基本的にKubernetesは、開発者にベロシティ、効率性、敏捷性を提供するためにデザインされています。ここまでの内容で、Kubernetesを使ってアプリケーションをデプロイすべき理由が分かったはずです。次の章からはどのようにアプリケーションをデプロイするかを説明します。

2章
コンテナの作成と起動

　Kubernetes は、分散アプリケーションを作成し、デプロイし、管理するためのプラットフォームです。分散アプリケーションと言っても、さまざまな形式やサイズがあります。しかし突き詰めれば分散アプリケーションは、別々のマシンで動作する複数の**アプリケーション**から構成されています。個々のアプリケーションは入力を受け入れ、データを操作し、結果を返します。分散システムの構築を考える前に、その分散システムを構成する部分である**アプリケーションコンテナイメージ**を作る方法を知る必要があります。

　アプリケーションは通常、言語ランタイム、ライブラリ、自分で書いたソースコードから構成されます。ほとんどの場合、アプリケーションは libc や libssl のような外部ライブラリに依存しています。一般的にこれらの外部ライブラリは、特定のマシンにインストール済みの OS 上に、共有コンポーネントとして含まれています。

　プログラマのノート PC で開発されているアプリケーションが本番 OS 上に展開された時、ノート PC にはあった共有ライブラリが本番 OS 上に存在しないと問題が発生します。開発環境と本番環境で全く同じバージョンの OS を使っていても、依存するアセットファイルをパッケージに含め忘れてアプリケーションを本番にデプロイしてしまうと障害になります。

　プログラムは、それが動くべきマシンに確実にデプロイされた時にだけ実行に成功します。デプロイの手順は命令的なスクリプトの実行を含んでいることが多いので、分かりにくいエラーやビザンチン障害[1] につながる場合があります。

　また、従来のように 1 台のマシン上で複数のアプリケーションを動かすと、シス

---

[1] 訳注：システムの出力やエラーメッセージの一部あるいは全部が、信頼できない（間違った情報を伝える）状態になる障害。ビザンチン将軍問題（https://ja.wikipedia.org/wiki/ビザンチン将軍問題）から発生する障害のこと。

テム上のすべてのプログラムが同じバージョンのライブラリを共有する必要があります。複数のアプリケーションがいろいろなチームや組織によって開発されるようになると、このような共有の依存関係は、チーム間に不要な複雑さや関連性をもたらします。

1章では、イミュータブルなイメージとインフラの価値を強く主張しました。その価値とはつまり、コンテナイメージによる価値です。この先見ていくように、コンテナイメージは、上で述べたような依存性管理やカプセル化のあらゆる問題を簡単に解決してくれます。

コンテナをアプリケーションと組み合わせて使う時には、他の人と共有しやすい方法でパッケージすると便利です。KubernetesのデフォルトのコンテナランタイムエンジンであるDockerを使うと、アプリケーションをパッケージするのも、他の人が後でプルするためのリモートレジストリにプッシュするのも簡単にできます。

この章では、上で触れたようなワークフローを実際に試せるよう、この本向けに作ったサンプルアプリケーションを使って学んでいきます。そのアプリケーションは、GitHub（https://github.com/kubernetes-up-and-running/kuard）にあります。

コンテナイメージは、ルートファイルシステム上にあるアプリケーションとその依存ライブラリを、1つの成果物としてまとめます。Kubernetesがサポートしている主要なイメージフォーマットの中で最も使われているのは、Dockerイメージフォーマットです。Dockerイメージには、アプリケーションを起動するためのコンテナランタイムが使うメタデータも含まれています。

この章では、次の内容を扱います。

- Dockerイメージフォーマットを使ってアプリケーションをパッケージする方法
- Dockerコンテナランタイムを使ってアプリケーションを起動する方法

2.1　コンテナイメージ

多くの人にとって、コンテナ技術の中で最初に触れるのはコンテナイメージです。コンテナイメージとは、OSコンテナの中でアプリケーションを動かすために必要なファイル全部をカプセル化したバイナリパッケージです。コンテナをどう使い始めるかによって、ローカルファイルシステムでコンテナイメージを作るか、**コンテナレジ**

ストリから既存のイメージをダウンロードして来るか、どちらかを選びます。どちらのケースでも、コンテナイメージがコンピュータに置かれた時点で、そのイメージを使って OS コンテナ内でアプリケーションを動かせるようになります。

2.1.1　Docker イメージフォーマット

　最も人気があり広く使われているのは、Docker オープンソースプロジェクトによって開発が始められた、Docker イメージフォーマットです。docker コマンドを使ってコンテナのパッケージ化、配布、起動ができるようになっています。その後、Docker 社らによって Open Container Initiative（OCI）プロジェクトを通じて、コンテナイメージフォーマットの標準化が始まりました。OCI の標準セットは、2017 年中頃時点では 1.0 がリリースされていますが、このような標準化への取り組みはまだ初期段階にあります。Docker イメージフォーマットが、引き続きデファクトスタンダードです。

　Docker イメージフォーマットは、ファイルシステムレイヤが重なってできています。各レイヤは、ファイルシステムの前のレイヤに対してファイルの追加、削除、変更を行います。この仕組みは、**オーバレイファイルシステム**の実装例の 1 つです。このようなファイルシステムの具体的な実装には、aufs、overlay、overlay2 といった複数の例があります。

コンテナのレイヤ

　コンテナイメージは、前のレイヤを継承したり変更したりするファイルシステムレイヤが重なって構成されています。この仕組みを詳しく見るため、コンテナを作ってみましょう。正確に言えば、実際にはレイヤは下から上に重なりますが、分かりやすいようにここでは上がベースで下に向かって重なる例で考えます。

```
.
└── コンテナ A: ベースの OS（Debian など）
     └── コンテナ B: A 上に作られたコンテナ、Ruby v2.1.10 を追加
     └── コンテナ C: A 上に作られたコンテナ、Golang v1.6 を追加
```

　この時点では、A、B、C という 3 つのコンテナがあります。B と C は、A からフォークされ、ベースコンテナのファイル以外には何も共有していません。B をベースにすれば、

Rails 4.2.6 を追加できます。また、古いバージョンの Rails（例えば 3.2.x）が必要な、レガシーアプリケーションをサポートする必要が出てきたとしましょう。この時、いつかアプリケーションを Rails 4 に移行する計画をしつつも、Rails 3.2.x のアプリケーションを動かせるコンテナイメージ E を、コンテナ B を元にして作成できます。

```
.
└── コンテナ A: ベースの OS（Debian など）
    └── コンテナ B: A 上に作られたコンテナ、Ruby v2.1.10 を追加
        ├── コンテナ D: B 上に作られたコンテナ、Rails v4.2.6 を追加
        └── コンテナ E: B 上に作られたコンテナ、Rails v3.2.x を追加
```

概念上は、各コンテナイメージの層は前のイメージを元に作られています。上位の層に対する参照はポインタになっています。この例ではシンプルなコンテナの集まりを考えていますが、実際に使われるコンテナは、大きな有向非巡回グラフの一部になることが多いでしょう。

コンテナイメージにはコンテナ設定ファイルが入っており、そこにはコンテナ環境のセットアップ方法とアプリケーションのエントリポイントの実行方法が書かれています。コンテナ設定には、ネットワーク設定やネームスペースの分離、リソース制限（cgroups）、コンテナを動かす際のシステムコールの制限といった情報が含まれています。コンテナのルートファイルシステムと設定ファイルは、Docker イメージフォーマットでバンドルされています。

コンテナは、次の2つのカテゴリに分けられます。

- システムコンテナ
- アプリケーションコンテナ

システムコンテナは、仮想マシンとよく似た動きをし、完全なブートプロセスを実行します。また、通常の仮想マシンに含まれるような、ssh、cron、syslog といったシステムサービスが含まれています。

アプリケーションコンテナは、通常はアプリケーションを1つだけ動かすという点で、システムコンテナとは違います。コンテナ1つに対してアプリケーションを1つしか動かさないのは余計な制約に見えるかもしれませんが、スケーラブルなアプリケーションを構成するには適切な細分化の単位です。またこれは、Kubernetes の

Podによってうまく活用できるデザイン哲学にもなっています。

2.2　Dockerでのアプリケーションイメージの作成

　一般的に言えば、Kubernetesのようなコンテナオーケストレーションシステムは、アプリケーションコンテナで構成された分散システムの構築とデプロイに焦点を当てています。そのため、この章の残りでもアプリケーションコンテナを中心に見ていきます。

2.2.1　Dockerfile

　Dockerfileは、Dockerコンテナイメージの作成を自動化するためのファイルです。次の例は、セキュアでサイズも小さいkuard（Kubernetes up and running）イメージを作成する手順です。

```
FROM alpine
COPY bin/1/amd64/kuard /kuard
ENTRYPOINT ["/kuard"]
```

　この文字列をDockerfile（慣習的にこのファイル名を使います）というテキストファイルに保存すれば、Dockerイメージを作成できます。

　まず、kuardバイナリをビルドする必要があります。kuardディレクトリ内でmakeを実行するとビルドできます。

　kuardのDockerイメージを作成するには、次のコマンドを実行して下さい。

```
$ docker build -t kuard-amd64:1 .
```

　ここでは、Alpineという非常に小さいLinuxディストリビューションを採用しています。そのためDebianのような汎用的なOS上に作られていることが多い公開イメージと比べると、最終的なイメージの大きさは6MBほどと、劇的に小さくなります。

　これでkuardイメージはイメージを作成したローカルのDockerレジストリに登録された状態になりましたが、そのマシン1台からしかアクセスできません。Dockerの真の力は、たくさんのマシンあるいは巨大なDockerコミュニティとイメージを共有できる点にあります。

2.2.2 イメージのセキュリティ

セキュリティを考える時には、近道は存在しません。本番の Kubernetes クラスタで動かすイメージを作るなら、アプリケーションのパッケージや配布のベストプラクティスに従いましょう。例えば、コンテナにパスワードを入れないようにしましょう。最終レイヤだけではなく、どのレイヤにも入れてはいけません。Docker イメージの直感的でない動作の 1 つに、あるレイヤでファイルを削除しても、前の各レイヤからはそのファイルは消されないという点があります。そのファイルは、前のレイヤでは容量を確保し続け、しかるべきツールを使える人なら誰でもそのファイルにアクセスできます。先進的なアタッカーなら、パスワードを含むレイヤだけから構成されるイメージを作ることも可能でしょう。

機密情報をイメージに混ぜないようにしましょう。もし混ぜてしまったら、ハックされ、会社あるいは部署全体に迷惑をかけることになるでしょう。いつかテレビに出てみたいと誰しも思ったことがあるでしょうが、せっかくならいい理由で出演したいものです。

2.2.3 イメージサイズの最適化

大きなイメージを重ねたイメージを作る時に陥りがちな罠がいくつかあります。まず覚えておかねばならないのが、後続のレイヤで削除したファイルは、イメージ内には実際には存在したままになる点です。そのファイルは、単にアクセスできなくなるだけなのです。次の例を考えてみましょう。

```
.
└── レイヤ A: 'BigFile' という大きなファイルを含む
    └── レイヤ B: 'BigFile' を削除
        └── レイヤ C: バイナリファイルを追加するため B 上に構築
```

この場合、最終的なイメージには BigFile は含まれていないように思えます。イメージを動かしてみても、BigFile にはアクセスできません。しかし、アクセスできない状態であっても、実際にはレイヤ A に BigFile は含まれているので、イメージをレジストリにプッシュしたりプルしたりするたびに、ネットワーク越しに転送されてしまいます。

イメージのキャッシュと構築の際に、もう 1 つ陥りがちな罠があります。各レイ

ヤは、前のレイヤからの差分であることを思い出して下さい。前のレイヤを作り直すと、イメージをデプロイするためにそのレイヤをビルドし直し、もう一度プッシュしてからプルする必要があります。

これを理解するために、次の2つのイメージを考えてみましょう。

```
.
└── レイヤA: ベースOSを含む
    └── レイヤB: ソースコード server.js を追加
        └── レイヤC: 'node' パッケージをインストール
```

これに対するのが次のイメージです。

```
.
└── レイヤA: ベースOSを含む
    └── レイヤB: 'node' パッケージをインストール
        └── レイヤC: ソースコード server.js を追加
```

どちらのイメージも同じ動作をするように思えます。実際、最初にプルしてきた時には同じように動作します。しかし、server.js を変更した時はどうでしょうか。下のイメージでは server.js だけをプルやプッシュをすれば問題ありません。しかし、上のイメージでは node レイヤは server.js レイヤに依存しているので、server.js だけでなく node パッケージの含まれるレイヤ C もプルとプッシュする必要があります。一般的には、プッシュやプルするイメージのサイズを最適化するため、あまり変更されないレイヤから頻繁に更新されるレイヤという順序で並べた方が効率がよくなります。

2.3 リモートレジストリへのイメージの保存

1台のマシンだけでしか使えないなら、コンテナイメージを使う意味なんてあるでしょうか。

Kubernetes は、Pod のマニフェストに書かれたイメージが、クラスタ内のどのマシンでも使えるようになっていないと動作しません。kuard イメージをエクスポートして、Kubernetes 上の各マシンにインポートするのも、イメージをクラスタのマシンに展開する1つの方法ではあります。しかし、こんな方法で Docker イメージを管

理するのは退屈です。手動でDockerイメージをインポートしてエクスポートするのは、どこからどうみてもよくない方法です。「そんな方法はいやです」と言いましょう。

Dockerコミュニティでは、Dockerイメージをリモートレジストリに保存しておくのが標準的な方法です。Dockerレジストリにはたくさんの種類があり、セキュリティ要件やコラボレーション機能を考えた上で、ニーズに合うかどうかで決めることになります。

レジストリについてまず最初に決めるべきは、プライベートレジストリを使うかパブリックレジストリを使うかです。パブリックレジストリでは、レジストリに保存されたイメージを誰でもダウンロードできます。一方でプライベートレジストリでは、ダウンロードには認証が必要です。パブリックとプライベートのどちらかを決めるには、どう使うかを考える必要があります。

パブリックレジストリは、コンテナイメージを認証なしで簡単に使えるので、世界中にイメージを共有するのに適しています。あなたの作ったソフトウェアをコンテナイメージとして簡単に配布でき、ユーザたちに自分と同じ使い勝手で使ってもらえます。

一方でプライベートレジストリは、サービス内でプライベートに使い、世の中に共有したくないアプリケーションを保存する最適な方法です。

イメージをプッシュするには、レジストリへの認証が必要です。通常はdocker loginコマンドで認証できますが、レジストリごとに違いがあります。ここでは、Google Container Registry（GCR）と呼ばれるGoogle Cloud Platformのレジストリを使うことにします。パブリックに参照できるイメージを置いておきたいユーザにちょうどいいのは、Docker Hub（https://hub.docker.com）です。

レジストリにログインしたら、kuardイメージにタグを付けてDockerレジストリ上で使えるようにしましょう。

```
$ docker tag kuard-amd64:1 gcr.io/kuar-demo/kuard-amd64:1
```

これで、kuardイメージをGCRにプッシュできます。

```
$ docker push gcr.io/kuar-demo/kuard-amd64:1
```

この時点で、kuardイメージはリモートレジストリで使用可能な状態になります。Dockerでデプロイしてみましょう。パブリックなDockerリポジトリにプッシュしたので、認証なしでどこからでもアクセスできます。

2.4 Docker コンテナランタイム

Kubernetesにはアプリケーションのデプロイの詳細を表示できるAPIがありますが、OSネイティブなコンテナAPIを使うアプリケーションコンテナをセットアップするには、コンテナランタイムを使う必要があります。Linuxでは、cgroupsとネームスペースを設定することになります。

Kubernetesのデフォルトコンテナランタイムは Dockerです。Dockerは、LinuxやWindowsシステム上でアプリケーションコンテナを作るためのAPIを提供しています。

2.4.1 Dockerでコンテナを動かす

コンテナをデプロイするには、Docker CLIを使います。gcr.io/kuar-demo/kuard-amd64:1というイメージを使ってコンテナをデプロイするには、次のコマンドを実行します。

```
$ docker run -d --name kuard \
  --publish 8080:8080 \
  gcr.io/kuar-demo/kuard-amd64:1
```

このコマンドは、kuardというコンテナを起動し、コンテナの8080ポートをローカルマシンの8080ポートにマッピングします。これは、各コンテナが独自のIPアドレスを持つので、コンテナ内でlocalhostを待ち受けていても、ローカルマシン上で待ち受けていることにならないためです。ポートフォワードしないと、ローカルマシンからは接続できません。

2.4.2 kuardアプリケーションへのアクセス

kuardには、単純なWebインタフェイスがあります。ブラウザでhttp://localhost:8080を開くか、次のようにコマンドを実行するとアクセスできます。

```
$ curl http://localhost:8080
```

kuardは、いろいろな興味深い機能を持っています。それらについては後から説明していきます。

2.4.3　リソース使用量の制限

Dockerでは、Linuxカーネルが提供しているcgroupsの技術を利用して、アプリケーションのリソース使用量を制限する機能を使用できます。

メモリ使用量の制限

コンテナ内でアプリケーションを動かす利点の1つが、リソース使用量を制限できることです。これにより、同じハードウェア上に複数のアプリケーションを同居させつつ、公平な使用が可能になります。

kuardのメモリ使用量を200MBに、スワップ領域を1GBに制限しましょう。docker run コマンドに、--memory と --memory-swap フラグを付けます。

まずは現在動いているkuardコンテナを停止して削除します。

```
$ docker stop kuard
$ docker rm kuard
```

それから、メモリ使用量を制限するフラグを付けてkuardコンテナを起動します。

```
$ docker run -d --name kuard \
  --publish 8080:8080 \
  --memory 200m \
  --memory-swap 1G \
  gcr.io/kuar-demo/kuard-amd64:1
```

CPU使用量の制限

メモリと共に、マシン上でクリティカルなリソースといえばCPUです。docker run に --cpu-shares フラグを付けると、CPUの使用率を制限できます。

```
$ docker run -d --name kuard \
  --publish 8080:8080 \
  --memory 200m \
  --memory-swap 1G \
  --cpu-shares 1024 \
  gcr.io/kuar-demo/kuard-amd64:1
```

2.5　後片付け

イメージを作り終えたら、次のように docker rmi コマンドで削除できます。

docker rmi <タグ名>

または

docker rmi <イメージ ID>

　イメージは、タグ名（例えば gcr.io/kuar-demo/kuardamd64:1）を指定しても、イメージ ID を指定しても削除できます。docker のサブコマンドと同じように、一意に表現できる限り、イメージ ID は省略できます。通常は、ID の最初の 3 文字あるいは 4 文字だけを使えば十分です。

　明示的にイメージを削除しない限り、同じ名前で新しいイメージを作っても、前のイメージはシステム上に残り続けることを覚えておきましょう。新しいイメージを同じ名前で作った場合、タグは新しいイメージに付け替えられるだけで、古いイメージを削除したり上書きしたりはしません。

　そのため、新しいイメージの作成を繰り返しているうちに、多くのイメージを作ってしまうことになり、結果的にコンピュータ上の容量を余計に使ってしまいます。

　マシン上にあるイメージを確認するには、docker images コマンドを実行します。その情報を元に、使用していないイメージを削除できます。

　もう少し洗練されたアプローチとしては、イメージのガベージコレクタを実行する cron ジョブを設定する方法があります。例えば、docker-gc（https://github.com/spotify/docker-gc）というツールは、繰り返し実行する cron ジョブとして実行しやすい、よく使われるイメージガベージコレクタです。どのくらいの数のイメージを作るかに応じて、1 日ごとや 1 時間ごとなど、一定間隔で実行するように設定します。

2.6 まとめ

　アプリケーションコンテナを使うと、アプリケーションをきれいに抽象化できます。Dockerイメージフォーマットでパッケージすれば、ビルドもデプロイも配布も簡単になります。コンテナは同じマシン上で動くアプリケーション同士を分離する機能も提供し、依存性が衝突するのを防ぎます。

　これ以降の章では、コンテナ上のステートレスなアプリケーションだけでなく、外部ディレクトリをマウントすることでmysqlなどのようなデータを生成するアプリケーションも動かせることを見ていきます。

# 3章
Kubernetesクラスタのデプロイ

　ここまででアプリケーションコンテナを構築できたので、次はコンテナを信頼性の高いスケーラブルな分散システム上にデプロイしてみましょう。もちろんそのためには、Kubernetesのクラスタを動かす必要があります。コマンドラインの手順を実行するだけでクラスタが簡単に作れるように、クラウドベースのKubernetesサービスが複数存在しています。Kubernetesを始めるなら、こういった環境を利用することを強くおすすめします。ベアメタル環境でKubernetesを動かそうと考えている場合でも、手早くKubernetesを始め、Kubernetes自体を学び、その後に物理マシンにインストールする方法を学ぶのがよいでしょう。

　クラウドベースのソリューションを使うには、クラウドベースのリソースに課金する必要がありますし、クラウドへのネットワーク接続も必要です。この点からはローカル開発環境も魅力的です。その場合minikubeを使えば、ノートPCやデスクトップPC上の仮想マシンで、ローカルなKubernetesクラスタを簡単に起動できます。しかし、minikubeではシングルノードのクラスタしか作れないため、Kubernetesクラスタの特徴を全部確認することはできません。そのため、状況が許すならクラウドベースのソリューションから始めることをすすめています。どうしてもベアメタル環境から始めたいなら、この本の最後の付録Aで、複数台のRaspberry Piシングルボードコンピュータからクラスタを構築する方法を紹介しています。そこで説明している方法ではkubeadmを使っているので、Raspberry Pi以外のマシンにも適用できます。

3.1 パブリッククラウドへの Kubernetes の インストール

この章では、Google Cloud Platform（GCP）、Microsoft Azure、Amazon Web Service（AWS）の3つの主要なクラウドプロバイダに Kubernetes をインストールする方法を見ていきます。

3.1.1 Google Kubernetes Engine への Kubernetes のインストール

Google Cloud Platform では、Google Kubernetes Engine（GKE）と呼ばれる Kubernetes-as-a-Service を提供しています。GKE を始めるには、課金設定が有効な Google Cloud Platform のアカウントと、gcloud（https://cloud.google.com/sdk/downloads）がインストールされている必要があります。

gcloud がインストールできたら、設定を初期化しましょう。

```
$ gcloud init
```

次に、デフォルトゾーンを設定しましょう。

```
$ gcloud config set compute/zone us-west1-a
```

それから、クラスタを作成します。

```
$ gcloud container clusters create kuar-cluster
```

これには数分かかります。クラスタが作成されたら、クラスタを使用するための認証情報を取得しましょう。

```
$ gcloud auth application-default login
```

この時点で、クラスタは設定済みで使用可能な状態になります。他のクラウドプロバイダでも Kubernetes を動かすのでなければ、「3.4　Kubernetes クライアント」

まで読み飛ばして構いません。問題が発生したら、Google Cloud Platform のドキュメント（https://cloud.google.com/container-engine/docs/clusters/operations）内にある、GKE クラスタの作成手順を参照して下さい。

3.1.2 Azure Container Service へのKubernetes のインストール

Microsoft Azureは、Azure Container Serviceの一部としてKubernetes-as-a-Serviceを提供しています。Azure Container Service を始めるいちばん簡単な方法は、Azure ポータル上にビルトインされた Azure Cloud Shellを使うことです。このシェルは、Azure Portalの右上のツールバーにある次のシェルアイコンをクリックすると有効になります。

このシェルでは、az コマンドが自動でインストールされ、設定済みになっています。

この代わりに、ローカルマシンへのazコマンドラインインタフェイス（CLI）のインストールも可能です。

シェルが動いたら、次のコマンドを実行してリソースグループを作ります。

```
$ az group create --name=kuar --location=westus
```

リソースグループが作られたら、次のコマンドでクラスタを作成します。

```
$ az acs create --orchestrator-type=kubernetes \
  --resource-group=kuar --name=kuar-cluster
```

これには数分かかります。クラスタが作成されたら、クラスタへの認証情報を次のコマンドで取得できます。

```
$ az acs kubernetes get-credentials --resource-group=kuar --name=kuar-cluster
```

まだkubectlをインストールしていないなら、次のコマンドでインストール可能です。

```
$ az acs kubernetes install-cli
```

Azure 上での Kubernetes の完全なインストール方法は、Azure のドキュメント（https://docs.microsoft.com/en-us/azure/container-service/kubernetes/container-service-kubernetes-walkthrough）に書かれています。

3.1.3　Amazon Web Service への Kubernetes のインストール

AWSは現在のところ、Kubernetes サービスを提供していません[†1]。AWS で Kubernetes を管理するツールは次々と現れており、進化の早い分野です。次の2つの方法が始めやすいでしょう。

- この本に書かれているような、Kubernetes を試すための小さいクラスタを立ち上げるなら、Quick Start for Kubernetes by Heptio（https://aws.amazon.com/jp/quickstart/architecture/heptio-kubernetes/）を参考にしてみましょう。これは、AWS Console を使ってクラスタを起動できる、Cloud Formation のテンプレートです。
- より完全な管理方法が必要なら、kops プロジェクトの採用を考えましょう。kops を使って AWS 上に Kubernetes をインストールするチュートリアルの完全版が GitHub（https://github.com/kubernetes/kops/blob/master/docs/aws.md）にあります。

3.2　minikube を使ったローカルへの Kubernetes のインストール

ローカル開発環境が必要か、あるいはクラウドリソースに課金したくないなら、

[†1] 訳注：原著の出版時点で、AWS に Kubernetes サービスはありませんでした。その後2017年11月に、AWS 上の Kubernetes サービスである Amazon EKS（https://aws.amazon.com/jp/eks/）が発表されています。

minikubeを使ってシンプルなシングルノードクラスタをインストールできます。
minikube は便利な Kubernetes クラスタのシミュレータですが、ローカル開発や学習、テストのためだけに作られています。ノード 1 台の仮想マシン上でしか動かないので、分散された Kubernetes クラスタのような信頼性はありません。

さらに、この本に書かれてる Kubernetes の機能には、クラウドプロバイダと組み合わせる必要があるものも含まれます。minikubeでは、これらの機能は動かないか、限定された動きしかできません。

minikube を使うには、ローカルマシンにハイパーバイザがインストールされている必要があります。Linux や macOS では、VirtualBox（https://virtualbox.org/）が一般的でしょう。Windows では、Hyper-V がデフォルトの選択肢です。minikube を使う前に、ハイパーバイザをインストールしておきましょう。

minikube は GitHub（https://github.com/kubernetes/minikube）にあります。Linux、macOS、Windows 用のバイナリがダウンロードできます。minikube をインストールしたら、次のコマンドでローカルクラスタを作成できます。

```
$ minikube start
```

このコマンドは、ローカル仮想マシンを作成した後、Kubernetes を設定し、そのクラスタで使えるように kubectl を設定します。

クラスタを使い終わったら、次のコマンドで仮想マシンを停止します。

```
$ minikube stop
```

クラスタを削除するには、次のコマンドを実行します。

```
$ minikube delete
```

3.3　Raspberry Pi で Kubernetes を動かす

実環境に近い Kubernetes クラスタでテストしたいけれど、あまりお金を出したくないなら、Raspberry Pi上に、コストを抑えつつも十分な Kubernetes クラスタを作ることができます。クラスタの作り方は、この章ではなくこの本の最後の付録 A

に書かれています。

3.4 Kubernetes クライアント

公式な Kubernetes クライアントは、Kubernetes API と連携するコマンドラインツールである kubectl です。kubectl は、Pod、ReplicaSet、Service などの Kubernetes オブジェクトを管理できます。kubectl は、クラスタの全体的な状態を確認したりチェックしたりするのにも使えます。

ここまででクラウド上あるいはローカル環境に Kubernetes クラスタを作成できました。ここからはこのクラスタを kubectl で操作していきましょう。

3.4.1 クラスタのステータス

最初に、次のコマンドで起動しているクラスタのバージョンを確認します。

```
$ kubectl version
```

このコマンドは、ローカルの kubectl のバージョンと、Kubernetes API サーバのバージョンの 2 つを表示します。

2 つのバージョンが違っていても気にしないで下さい。Kubernetes のツールは、マイナーバージョン 2 つまでは Kubernetes の API のバージョンと後方あるいは前方互換性を持っており、古いクラスタでは新しい機能を使いません。Kubernetes はセマンティックバージョニングにしたがっており、マイナーバージョンとは、3 つの数字のうちの真ん中のことです（例えば、1.5.2 では 5）。

これで Kubernetes クラスタと通信できる準備が整ったので、さらに深くクラスタを見ていきましょう。

まず、クラスタに対して簡単な診断ができます。これは、クラスタが正常であるかを確認する手軽な方法です。

```
$ kubectl get componentstatuses
```

出力は次のようになるはずです。

```
NAME                   STATUS    MESSAGE              ERROR
scheduler              Healthy   ok
controller-manager     Healthy   ok
etcd-0                 Healthy   {"health": "true"}
```

このコマンド出力から、Kubernetes クラスタを構成しているコンポーネントを確認できます。controller-manager は、クラスタ上での振る舞いを制御するさまざまなコントローラを動かす役割を担っています。例えば、Service の全レプリカが稼働しておりかつ正常であるようにすることなどです。scheduler は、各 Pod をクラスタ内のそれぞれのノードに配置します。また etcd サーバは、クラスタのすべての API オブジェクトが保存されるストレージです。

3.4.2　Kubernetes のワーカノードの表示

次に、クラスタ上のすべてのノードを表示してみましょう。

```
$ kubectl get nodes
NAME         STATUS         AGE
kubernetes   Ready,master   45d
node-1       Ready          45d
node-2       Ready          45d
node-3       Ready          45d
```

コマンドの出力結果から、45 日間動いている 4 ノードのクラスタであることが分かります。Kubernetes のノードは、クラスタを管理するための API サーバやスケジューラなどのコンテナが動く master ノードと、ユーザが作成したコンテナが動くワーカノードに分類できます。Kubernetes は、ユーザのワークロードがクラスタの全体的な操作に影響しないように、基本的には master ノードに処理は割り当てません。

kubectl describe コマンドを実行すると、node-1 のような特定のノードについての詳しい情報を確認できます。

```
$ kubectl describe nodes node-1
```

最初に、ノードに関する基本的な情報が表示されます。

```
Name:           node-1
Role:
Labels:         beta.kubernetes.io/arch=arm
                beta.kubernetes.io/os=linux
                kubernetes.io/hostname=node-1
```

このノードが ARM プロセッサ上の Linux で動いていることが分かります。
次に、node-1 上で動いているオペレーションの情報が表示されます。

```
Conditions:
Type             Status  LastHeartbeatTime  Reason                        Message
----             ------  -----------------  ------                        -------
OutOfDisk        False   Sun, 05 Feb 2017…  KubeletHasSufficientDisk      kubelet…
MemoryPressure   False   Sun, 05 Feb 2017…  KubeletHasSufficientMemory    kubelet…
DiskPressure     False   Sun, 05 Feb 2017…  KubeletHasNoDiskPressure      kubelet…
Ready            True    Sun, 05 Feb 2017…  KubeletReady                  kubelet…
```

ここに表示されるステータスは、それぞれのノードが十分なディスクとメモリを持っていて、かつそのノードが Kubernetes マスタに対して正常であると通知しているかどうかを表しています。さらに、マシンのキャパシティについての情報も表示されます。

```
Capacity:
 alpha.kubernetes.io/nvidia-gpu:    0
 cpu:                               4
 memory:                            882636Ki
 pods:                              110
Allocatable:
 alpha.kubernetes.io/nvidia-gpu:    0
 cpu:                               4
 memory:                            882636Ki
 pods:                              110
```

それから、Docker や Kubernetes、Linux カーネルなどといった、ノード上のソ

フトウェアのバージョンの情報が表示されます。

```
System Info:
  Machine ID:                  9989a26f06984d6dbadc01770f018e3b
  System UUID:                 9989a26f06984d6dbadc01770f018e3b
  Boot ID:                     98339c67-7924-446c-92aa-c1bfe5d213e6
  Kernel Version:              4.4.39-hypriotos-v7+
  OS Image:                    Raspbian GNU/Linux 8 (jessie)
  Operating System:            linux
  Architecture:                arm
  Container Runtime Version:   docker://1.12.6
  Kubelet Version:             v1.5.2
  Kube-Proxy Version:          v1.5.2
PodCIDR:                       10.244.2.0/24
ExternalID:                    node-1
```

最後に、このノード上で動いている Pod の情報が表示されます。

```
Non-terminated Pods: (3 in total)
  Namespace    Name         CPU Requests  CPU Limits  Memory Requests  Memory Limits
  ---------    ----         ------------  ----------  ---------------  -------------
  kube-system  kube-dns…    260m (6%)     0 (0%)      140Mi (16%)      220Mi (25%)
  kube-system  kube-fla…    0 (0%)        0 (0%)      0 (0%)           0 (0%)
  kube-system  kube-pro…    0 (0%)        0 (0%)      0 (0%)           0 (0%)
Allocated resources:
  (Total limits may be over 100 percent, i.e., overcommitted.
  CPU Requests  CPU Limits   Memory Requests  Memory Limits
  ------------  ----------   ---------------  -------------
  260m (6%)     0 (0%)       140Mi (16%)      220Mi (25%)
No events.
```

この出力から、ノード上の Pod（例えばクラスタに DNS サービスを提供している Pod である kube-dns など）、各 Pod がノードに要求している CPU やメモリ、全体のリソース要求量といった情報が確認できます。Kubernetes が、マシン上で動いている各 Pod の要求リソース（Requests）とリソースの最大使用量（Limits）を追跡していることに注目して下さい。要求量と最大使用量の差分については、5 章で詳しく

説明します。簡単に言えば、Podのリソース最大使用量がPodの使えるリソースの範囲内に収まっているなら、Podが要求したリソースは必ずノード上に存在することが保証されています。Podのリソース最大使用量は要求よりも大きくなる可能性がありますが、この時には追加のリソースがベストエフォートで提供されます。ただし、ノード上にその追加リソースがあるとは限りません。

3.5 クラスタのコンポーネント

Kubernetesの興味深い特徴の1つが、Kubernetesクラスタを構成する多くのコンポーネントが、Kubernetes自体を使ってデプロイされることです。ここではその内のいくつかを見てみます。これらのコンポーネントでは、後の章で取り上げる数々のコンセプトを使っており、kube-systemというNamespace内で動きます[†2]。

3.5.1 Kubernetes proxy

Kubernetes proxyは、Kubernetesクラスタ内のロードバランスされたServiceに、ネットワークトラフィックをルーティングする役割を担っています。このため、プロキシはクラスタ内の各ノードで動いている必要があります。Kubernetesには、後の章で詳しく学ぶDaemonSetというAPIオブジェクトがあります。多くのクラスタでは、DaemonSetがプロキシを各ノードで動かすために使われます。Kubernetes proxyがDaemonSetを使って動いているなら、次のコマンドでプロキシの一覧を確認できます。

```
$ kubectl get daemonSets --namespace=kube-system kube-proxy
NAME         DESIRED  CURRENT  READY  NODE-SELECTOR  AGE
kube-proxy   4        4        4      <none>         45d
```

3.5.2 Kubernetes DNS

Kubernetesは、クラスタ内で定義されているServiceのネーミングとディスカバリを行うため、DNSサーバも持っています。このDNSサーバは、クラスタ内ではレプリケーションされたServiceとして動いています。クラスタのサイズによりますが、1つあるいは複数のDNSサーバがクラスタ内で動作します。DNSサービスは、

[†2] 4章で詳しく学びますが、KubernetesにおけるNamespaceとは、Kubernetesリソースを整理する仕組みのことです。ファイルシステムにおけるフォルダと考えればよいでしょう。

これらのレプリカを管理する Kubernetes の Deploymentとして動作します。

```
$ kubectl get deployments --namespace=kube-system kube-dns
NAME      DESIRED  CURRENT  UP-TO-DATE  AVAILABLE  AGE
kube-dns  1        1        1           1          45d
```

また、DNS サーバをロードバランシングするための Kubernetes Service も動きます。

```
$ kubectl get services --namespace=kube-system kube-dns
NAME      CLUSTER-IP  EXTERNAL-IP  PORT(S)         AGE
kube-dns  10.96.0.10  <none>       53/UDP,53/TCP  45d
```

この実行結果は、このクラスタでの DNS Service が 10.96.0.10 という IP アドレスを持っていることを表しています。クラスタ内のコンテナにログインしてみると、コンテナ内の /etc/resolv.conf にこのアドレスが設定されているのが分かります。

3.5.3　Kubernetes の UI

Kubernetes の最後のコンポーネントは GUI です。UI は 1 つのレプリカとして動作し、信頼性向上とアップグレードへの対応のため、Kubernetes Deployment として管理されています。UI サーバは次のコマンドで確認できます。

```
$ kubectl get deployments --namespace=kube-system kubernetes-dashboard
NAME                  DESIRED  CURRENT  UP-TO-DATE  AVAILABLE  AGE
kubernetes-dashboard  1        1        1           1          45d
```

UI にも、ロードバランスのための Service があります。

```
$ kubectl get services --namespace=kube-system kubernetes-dashboard
NAME                  CLUSTER-IP     EXTERNAL-IP  PORT(S)        AGE
kubernetes-dashboard  10.99.104.174  <nodes>      80:32551/TCP  45d
```

UI にアクセスするには kubectl proxyコマンドを使います。Kubernetes proxy を起動するには次のコマンドを実行します。

```
$ kubectl proxy
```

このコマンドは、サーバを localhost:8001 で起動します。http://localhost:8001/ui をブラウザで開くと、Kubernetes の Web UI を見られます[†3]。このインタフェイスは、クラスタを調査したり新しいコンテナを作成する際に使えます。このインタフェイスの詳細については省きますが、ダッシュボードが改善されるにつれてどんどん変化しています。

3.6 まとめ

ここまでで、Kubernetes のクラスタが起動し、作成したクラスタを試すコマンドを実行済みのはずです。次の章からは、Kubernetes クラスタを試すためのコマンドラインインタフェイスをもう少し詳しく見ていきます。またこれ以降は、Kubernetes API のさまざまなオブジェクトを学ぶため、kubectlコマンドとテストクラスタを使用します。

[†3] 訳注：http://localhost:8001/uiからのダッシュボードへのアクセスは、1.10 で廃止される予定です。http://localhost:8001/api/v1/namespaces/kube-system/services/https:kubernetes-dashboard:/proxy/ を代わりに使用して下さい（https://github.com/kubernetes/dashboard/blob/ddde141306dc28f26c50cd923ea6dad84f505883/README.md#getting-started）。

4章
よく使うkubectlコマンド

kubectlコマンドラインユーティリティは強力なツールです。これ以降の章では、オブジェクトを作成したりKubernetes APIとやり取りするのに、kubectlを使います。その前に、すべてのKubernetesオブジェクトに共通して使える、kubectlの基礎をひととおり学んでおきましょう。

4.1 Namespace

Kubernetesは、クラスタ内のオブジェクトを構造化するために、Namespaceを使います。各Namespaceは、オブジェクトの集まりを入れるフォルダだと考えればよいでしょう。kubectlコマンドは、デフォルトではdefaultというNamespaceとやり取りをします。違うNamespaceを使いたい時は、kubectlに --namespace フラグを付けます。例えばmystuffというNamespace内のオブジェクトを参照する場合、kubectl --namespace=mystuff になります。

4.2 Context

デフォルトのNamespaceを恒久的に変えたい時は、Contextを使用します。この設定は、通常は $HOME/.kube/config にあるkubectlの設定ファイルに保存されます。この設定ファイルには、クラスタの接続情報と認証情報が保存されています。kubectlで使うデフォルトのNamespaceをmystuffに変えるContextを作るなら、次のコマンドを実行します。

```
$ kubectl config set-context my-context --namespace=mystuff
```

このコマンドは新しいContextを作るだけで、使用する設定まではしません。新しく作られたContextを使うには、次のコマンドを実行します。

```
$ kubectl config use-context my-context
```

Contextは、set-contextコマンドと組み合わせて、異なるクラスタを管理する--clusterフラグや、クラスタの認証を異なるユーザで行う--userフラグも使用できます。

4.3　Kubernetes APIオブジェクトの参照

Kubernetes上にあるものは、すべてRESTfulリソースで表せます。この本では、こういったリソースをKubernetesオブジェクトと呼びます。各Kubernetesオブジェクトは、一意なHTTPパスに対応しています。例えば、https://your-k8s.com/api/v1/namespaces/default/pods/my-podは、defaultというNamespaceにあるmy-podという名前のPodを表します。kubectlコマンドは、パスに存在しているKubernetesオブジェクトにアクセスするため、このURLにアクセスします。

kubectlでKubernetesオブジェクトを見るいちばん基本的なコマンドは、getです。kubectl get ‹リソース名›を実行すると、現在のNamespace内のそのリソースのすべてを一覧表示します。特定のリソースの情報が欲しい時は、kubectl get ‹リソース名› ‹オブジェクト名›を実行します。

デフォルトでkubectlは、APIサーバからのレスポンスを人間が読めるフォーマットで表示します。しかしこのフォーマットで表示すると、ターミナル内の1行に収まるように、オブジェクトの詳細情報の一部が削除されてしまいます。もう少し多くの情報が欲しい時は、1行により詳細な情報を追加する-o wideフラグを付けて下さい。また、-o jsonや-o yamlフラグを使うことで、生のJSONやYAMLで完全なオブジェクト情報も見られます。

kubectlの出力を操作する場合によく使われるのが、kubectlにUnixパイプを組み合わせる（例えばkubectl ... | awk ...）のに便利な、ヘッダを削除するオプションです。--no-headersフラグを指定すると、人間が読めるフォーマットの最初に表示されるヘッダを表示しません。

この他、オブジェクトから特定のフィールドを抜き出したいこともあります。その

際 kubectl では、オブジェクト内の特定のフィールドを選択するために JSONPath クエリ言語を使用できます。JSONPath の詳細についてはここでは書きませんが、次のコマンドは Pod の IP アドレスだけを抜き出して表示する例です。

```
$ kubectl get pods my-pod -o jsonpath --template='{.status.podIP}'
```

特定のオブジェクトについて詳しい情報を知りたい時は、次のように describe コマンドを使います。

```
$ kubectl describe <リソース名> <オブジェクト名>
```

このコマンドでは、オブジェクトの詳細を人間に読めるフォーマットで複数行にわたって表示します。また、Kubernetes クラスタ上の関連する他のオブジェクトやイベント情報も表示します。

4.4　Kubernetes オブジェクトの作成、更新、削除

Kubernetes API のオブジェクトは、JSON あるいは YAML ファイルとしても表現できます。これらのファイルは、クエリに対するサーバからのレスポンスとして返されたり、API リクエストの一部としてサーバへ送信されたりします。こういった YAML や JSON のファイルを使って、Kubernetes サーバ上のオブジェクトの作成、更新、削除ができます。

obj.yaml ファイルに、何らかのシンプルなオブジェクトが書かれているとしましょう。kubectl を使って、ファイルに書かれたオブジェクトを Kubernetes 上に作成できます。

```
$ kubectl apply -f obj.yaml
```

リソースの型はオブジェクトのファイルから取得されるので、コマンドのオプションとして指定する必要はない点に注意しましょう。

同様に、ファイルに記述されたオブジェクトに変更を加えた後、再度 apply コマンドを実行するとオブジェクトの更新もできます。

```
$ kubectl apply -f obj.yaml
```

対話的に設定を編集したい時には、ローカルのファイルを編集する代わりに、edit コマンドの使用も可能です。このコマンドは、オブジェクトの最新状態をダウンロードし、エディタで開きます。

```
$ kubectl edit <リソース名> <オブジェクト名>
```

ファイルを保存すると、Kubernetes クラスタに設定が自動的にアップロードされます。

オブジェクトを削除する際は、次のコマンドを実行するだけです。

```
$ kubectl delete -f obj.yaml
```

この時、kubectl は削除の確認プロンプトを出さない点に注意して下さい。このコマンドを実行したら、オブジェクトは削除されてしまいます。
また、次のようにリソース型と名前を指定してもオブジェクトを削除できます。

```
$ kubectl delete <リソース名> <オブジェクト名>
```

4.5 オブジェクトの Label と Annotation

Label と Annotation は、オブジェクトに対するタグです。この2つの違いについては6章で取り上げますが、ここでは、label コマンドや annotate コマンドを使うと Kubernetes オブジェクトの Label や Annotation の情報を更新できると覚えて下さい。bar という名前の Pod に、color=red という Label を付ける場合の例は次のとおりです。

```
$ kubectl label pods bar color=red
```

Annotation を追加する際も文法は全く同じです。
デフォルトでは、label も annotate も、既存の Label を上書きしません。上書きするには、--overwrite フラグを付けて実行する必要があります。
Label を削除する場合、<Label 名>- を付けて次のように実行します。

```
$ kubectl label pods bar color-
```

これで、bar という名前の Pod から color という Label が削除されます。

4.6 デバッグ用コマンド

kubectl には、コンテナをデバッグするのに使えるコマンドもたくさんあります。次のコマンドで、実行中のコンテナのログを確認できます。

```
$ kubectl logs <Pod名>
```

Pod 内にコンテナが複数ある場合、-c フラグを使うとコンテナを選択できます。

デフォルトでは、kubectl logs は現在までのログを表示して終了してしまいます。終了せずに継続的に流れるログをターミナルに出力したい場合は、-f コマンドラインフラグを使用できます。

また、実行中のコンテナ内でコマンドを実行するなら、次のように exec コマンドを使用できます。

```
$ kubectl exec -it <Pod名> -- bash
```

これで、より詳しいデバッグができるよう、コンテナ内で対話的なシェルを起動できます。

また、cp コマンドを使ってコンテナにファイルをコピーしたり、コンテナからファイルをコピーしたりできます。

```
$ kubectl cp <Pod名>:/path/to/remote/file /path/to/local/file
```

上の例では、実行中のコンテナからローカルマシンにファイルをコピーしています。ファイルの代わりにディレクトリの指定も可能です。また、ファイルの指定順序を逆にすれば、ローカルマシンからコンテナへのファイルのコピーもできます。

4.7 まとめ

kubectl は、Kubernetes クラスタ上のアプリケーションを管理する強力なツールです。この章ではツールの一般的な使い方を紹介してきましたが、kubectl のビルトインヘルプも充実しています。ヘルプを見るには次のコマンドを実行して下さい。

```
$ kubectl help
```

または、

```
$ kubectl help コマンド名
```

5章 Pod

ここまでの章で、アプリケーションをコンテナ化する方法を見てきました。コンテナ化したアプリケーションを実際にデプロイする時は、複数のアプリケーションをまとめてアトミックな単位にした上で、1台のマシン上に同居させることはよくあるでしょう。

図5-1は、このような要求に沿った標準的な構成例です。リモートGitリポジトリとファイルシステムを同期させるGitコンテナと、同期されたファイルをWeb経由で配信するコンテナの2つから構成されています。

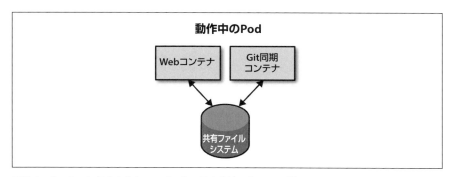

図5-1　2つのコンテナと共有ファイルシステムを持ったPodの例

この図を見ると、WebサーバとGit同期サーバの両方の機能を、1つのコンテナにまとめてしまえばいいのにと思うかもしれません。しかし、よく見てみるとなぜ2つのコンテナが分かれているのか理由がはっきりします。まず、2つのサーバの使用するリソースの必要条件にはかなり違いがあります。例えばメモリについて考えてみます。Webサーバは、ユーザからのリクエストを処理するために、常に起動してい

て応答できる必要があります。一方で、Git 同期サーバにはユーザが直接アクセスするわけではないので、ベストエフォートでサービスを提供できれば問題ありません。

ここで Git 同期サーバがメモリリークを起こすバグを抱えているとしましょう。2つのサーバが1つのコンテナ上で動いていると、Git 同期サーバのメモリリークは Web サーバのパフォーマンスに影響したり、最悪の場合 Web サーバをクラッシュさせてしまう可能性があります。そのため、Web サーバが必ずメモリを使えるようにするため、Git 同期サーバがメモリを使い切らないように何らかの仕組みを作っておかなければなりません。

こういった問題を避けるためのリソースの分離の考え方は、まさにコンテナがうまく取り扱うべくデザインされたものです。2つのサーバを別々のコンテナに分けることで、Web サーバの処理の信頼性を高めることができます。

もちろん、2つのコンテナは共生関係にあるものです。Web サーバと Git 同期サーバを別々のマシンに割り当てるのは、意味がありません。このような状況で Kubernetes を使うと、複数のコンテナを1つのアトミックな単位である Pod にまとめられます（pod は鯨の群のことで、鯨に関連する語を使う Docker の慣習に従っています）。

5.1 Kubernetes における Pod

Pod とは、同じ実行環境上で動くアプリケーションコンテナとストレージボリュームの集まりのことです。Kubernetes クラスタ上では、コンテナではなく Pod が最小のデプロイ単位です。1つの Pod 内のコンテナはすべて同じマシン上に配置されます。

Pod 内の各コンテナはそれぞれの cgroups 上で動作しますが、Linux ネームスペースの多くを共有します。

同じ Pod 内のアプリケーションは、同じ IP アドレスとポート（ネットワークネームスペース）を使用し、同じホスト名（UTS ネームスペース）を持ち、System V IPC や POSIX メッセージキューを経由したネイティブなプロセス間通信チャネル（IPC ネームスペース）を使って通信できます。しかし、別の Pod 内のアプリケーションからは分離されています。別の Pod 内のアプリケーションは別の IP アドレスやホスト名などを持っています。別々の Pod なら、同じマシンで動いていても別のマシンで動いていても、同じように分離されています。

5.2　Pod単位で考える

　Kubernetesを採用する時に「Podには何を入れればいいの」と聞かれることがよくあります。

　Podを見た瞬間「ああ、WordPressのコンテナとMySQLデータベースのコンテナは、同じPodに入れればいいんだ」と考えてしまいがちです。しかしこのような構成は、実はPodを作る上でのアンチパターンの1つです。これには2つの理由があります。1つめは、WordPressとデータベースは完全な共生関係ではないためです。WordPressコンテナとデータベースコンテナが違うマシン上に配置されたとしても、ネットワークで接続さえできれば、それなりに効率よく動作するはずです。2つめは、WordPressとデータベースを1単位として一緒にスケールする可能性が低いためです。WordPress自体は基本的にはステートレスなので、フロントエンドの負荷が増大したら、WordPressのPodの数を増やしてスケールさせます。一方で、MySQLデータベースのスケールはWordPressのスケールよりもかなり複雑で、どちらかといえばそれぞれのMySQLのPodに割り当てるリソースを増やすのを優先します。WordPressとMySQLの各コンテナを1つのPodにまとめてしまうと、どちらのコンテナも同じようにスケールさせざるを得ないので、WordPressとMySQLのスケール戦略の違いに対応できません。

　通常は、Podを作る時に「このコンテナはそれぞれ違うマシンに配置されても正常に動作するかどうか」という点を考えてみるのがよいでしょう。答えが「動作しない」なら、コンテナをまとめる単位としてはPodが正しい選択です。答えが「動作する」なら、Podを分けるのが正解である可能性が高いでしょう。この章の最初に出てきた例では、2つのコンテナはローカルファイルシステム経由でやり取りするようになっていました。つまり、2つのコンテナがそれぞれ別のマシンに配置されてしまうと、正常に処理が実行できなくなってしまいます。したがって、冒頭の例では2つのコンテナはPodにまとめるのがよいと言えます。

　この章の残りの部分では、Kubernetes上でのPodの作成、確認、管理、削除といった処理方法を見ていきます。

5.3　Podマニフェスト

　Podの設定は、Podマニフェストに記述します。Podマニフェストは、Kubernetesオブジェクトをテキストファイルで表現したものです。Kubernetesは、

宣言的設定を広く採用しています。宣言的設定を使う場合、望ましい状態を設定として書き、その設定をサービスに通知します。サービスは、現在の状態が望ましい状態と一致するよう処理を行います。

宣言的設定は、何かを変更するための処理（例えば apt-get install foo）の連なりである**命令的設定**とは異なります。著者である私たちは本番環境を長年運用しているので、システムの望ましい状態を記録することでシステムが管理しやすく信頼性が高くなることを、経験として知っています。宣言的設定は、設定に対するコードレビューが可能だったり、現在の状態をドキュメントにできたりと、たくさんの利点を持っています。さらに、Kubernetes の自己回復的な動作、すなわちユーザアクションなしにアプリケーションを動かし続ける仕組みは、宣言的設定を土台にしています。

Kubernetes API サーバは、Pod マニフェストを受け入れ、その後永続化ストレージ（etcd）に保存します。スケジューラは、ノードに割り当てられていない Pod を見つけるために Kubernetes API を使います。未割当の Pod を見つけたら、Pod マニフェストに書かれたリソースなどの制約を満たしたノードに、その Pod を割り当てます。ノードにリソースが十分にあれば、1 つのノードに複数の同じ Pod が割り当てられることもあります。しかし、同じアプリケーションの複数の Pod を同一ノードに割り当てるのは、障害の影響を受ける範囲が一緒になってしまうので、信頼性の点ではよくありません。そのためノードの障害などに対する信頼性の観点から、Kubernetes スケジューラは同じアプリケーションの Pod を別々のノードに分散しようとします。Pod がノードに割り当てられると、明示的に削除したり割り当て直したりしない限り、その Pod は同じノード上で動き続けます。

　同じ Pod を複数作る場合は、上記の手順を繰り返して割り当てが行われます。ただし、同じ Pod を複数動かす場合は ReplicaSet（8 章）を使うことを考えましょう（Pod を 1 つしか動かさない場合も ReplicaSet の方が好ましいのですが、その理由については後ほど解説します）。

5.3.1　Pod の作成

　Pod を作成するには、命令的に kubectl run コマンドを実行するのがいちばんシンプルな方法です。例えば、kuard サーバを動かすなら、次のコマンドになります。

```
$ kubectl run kuard --image=gcr.io/kuar-demo/kuard-amd64:1
```

動作中のPodのステータスを見る場合は、次のコマンドを実行します。

```
$ kubectl get pods
```

最初はコンテナのステータスがPendingになっているかもしれません。その後、Podとその中のコンテナが正常に作成されたことを示すRunningに変わります。

Pod名の末尾に見慣れない文字列が付いています。これは、上記の方法でPodを作成した場合、この後の章で説明するDeploymentとReplicaSetオブジェクトを使ってPodが作られるためです。

Podを削除するには次のコマンドを使います。

```
$ kubectl delete deployments/kuard
```

次に、完全なPodマニフェストを手動で書く方法を見ていきましょう。

5.3.2　Podマニフェストの作成

Podマニフェストは、YAMLあるいはJSONで記述できます。ただし、読みやすさとコメントが付けられる点で、通常はYAMLの方が好まれます。Podマニフェスト（を含むKubernetes APIオブジェクト）は、ソースコードと同じように扱うべきです。したがって、コメントを付けるなど、初めてマニフェストを見る新しいチームメンバーでもそのPodを理解できるように心がけましょう。

Podマニフェストには、キーとそれに対応する属性を書きます。主に、Podとそのラベルについて書かれたmetadataセクション、Volumeについて書かれたspecセクション、Pod内で動くコンテナの一覧から構成されています。

2章では次のDockerコマンドを使ってkuardをデプロイしました。

```
$ docker run -d --name kuard \
  --publish 8080:8080 \
  gcr.io/kuar-demo/kuard-amd64:1
```

これとほぼ同じことを実現するPodマニフェストが例5-1です。これをkuard-pod.yamlというファイルに保存し、kubectlでKubernetesにロードします。

例5-1　kuard-pod.yaml

```
apiVersion: v1
kind: Pod
metadata:
  name: kuard
spec:
  containers:
    - image: gcr.io/kuar-demo/kuard-amd64:1
      name: kuard
      ports:
        - containerPort: 8080
          name: http
          protocol: TCP
```

5.4　Podを動かす

前の節では、kuardというPodを起動するためのPodマニフェストを作成しました。kubectl applyコマンドを使って、次のようにkuardインスタンスを起動しましょう。

```
$ kubectl apply -f kuard-pod.yaml
```

これで、Kubernetes APIサーバにPodマニフェストが送信されます。Kubernetesのシステムは、クラスタ内の正常なノードにPodを割り当て、kubeletデーモンプロセスがPodを監視します。後で詳しく見ていくので、ここではKubernetes上のあらゆる機能について理解しようとしなくても構いません。

5.4.1　Podの一覧表示

これでPodを動かせました。さらに詳しく見ていきましょう。kubectlを使うと、クラスタ内で動いているPodの一覧が取得できます。ここでは、前のステップで作成したPodが1つだけ見えるはずです。

```
$ kubectl get pods
NAME    READY   STATUS    RESTARTS   AGE
kuard   1/1     Running   0          44s
```

先ほどの YAML ファイル内に書かれていた Pod（kuard）の名前が確認できます。また、応答可能なコンテナの数、ステータス、Pod が再起動された回数、Pod の起動時間も出力に含まれています。

Pod が作成されてすぐにこのコマンドを実行すると、次のような結果になる場合があります。

```
NAME    READY  STATUS   RESTARTS  AGE
kuard   0/1    Pending  0         1s
```

Pending という状態は、Pod の設定が送信されたけれども、まだノードに割り当てられていないことを表しています。

何らかのエラー（存在しないコンテナイメージを指定して Pod を作成しようとした時など）が発生した場合は、STATUS 列にそのエラーも表示されます。

> kubectl は、デフォルトでは簡潔な情報しか表示しません。詳細な情報が欲しい時は、コマンドラインフラグを使います。どの kubectl サブコマンドでも、-o wide を付けるとより詳細な情報が表示されます（ただし、この時も表示されるのは 1 行に収まる長さの情報だけです）。-o json あるいは -o yaml を付けると、JSON あるいは YAML フォーマットで、完全な情報が表示されるようになります。

5.4.2 Pod の詳細情報

1 行に収まる情報量だと簡潔すぎて不十分に感じるかもしれません。また、Kubernetes の Pod に関する数多くのイベント情報は、Pod オブジェクトには含まれておらず、内部的なイベント一覧に存在しています。

Pod（やそれ以外の Kubernetes オブジェクト）に関するさらに詳しい情報を見るには、kubectl describe コマンドを使います。例えば前に作成した Pod の情報を確認するには、次を実行します。

```
$ kubectl describe pods kuard
```

このコマンドは、セクションを分けて Pod の詳しい情報を表示します。最初に Pod についての基本情報が出力されます。

```
Name:           kuard
Namespace:      default
Node:           node1/10.0.15.185
Start Time:     Sun, 02 Jul 2017 15:00:38 -0700
Labels:         <none>
Annotations:    <none>
Status:         Running
IP:             192.168.199.238
Controllers:    <none>
```

それから、Pod内で動いているコンテナの情報が続きます。

```
Containers:
  kuard:
    Container ID:   docker://055095…
    Image:          gcr.io/kuar-demo/kuard-amd64:1
    Image ID:       docker-pullable://gcr.io/kuar-demo/kuard-amd64@sha256:a580…
    Port:           8080/TCP
    State:          Running
      Started:      Sun, 02 Jul 2017 15:00:41 -0700
    Ready:          True
    Restart Count:  0
    Environment:    <none>
    Mounts:
      /var/run/secrets/kubernetes.io/serviceaccount from default-token-cg5f5 (ro)
```

最後に、Podが作成されたのはいつか、イメージがプルされたのはいつか、ヘルスチェックの失敗で再起動されたかどうか、再起動されたのはいつか、といったPodに関するイベント情報が表示されます。

```
Events:
  Seen  From               SubObjectPath            Type    Reason     Message
  ----  ----               -------------            ------  ------     -------
  50s   default-scheduler                           Normal  Scheduled  Success…
  49s   kubelet, node1     spec.containers{kuard}   Normal  Pulling    pulling…
  47s   kubelet, node1     spec.containers{kuard}   Normal  Pulled     Success…
  47s   kubelet, node1     spec.containers{kuard}   Normal  Created    Created…
  47s   kubelet, node1     spec.containers{kuard}   Normal  Started    Started…
```

5.4.3 Pod の削除

Pod を削除する時は、次のように名前を指定して削除します。

```
$ kubectl delete pods/kuard
```

または、作成時と同じファイルを指定しても削除できます。

```
$ kubectl delete -f kuard-pod.yaml
```

Pod の削除コマンドを実行した時、その Pod はすぐには**削除されません**。kubectl get pods を実行すると、削除した Pod は Terminating という状態になります。Pod には、デフォルトで 30 秒の削除の**猶予期間**（grace period）があります。Pod が Terminating 状態に移行すると、その Pod は新しいリクエストを受け付けません。この猶予期間があることで、処理中の可能性のあるリクエストを、Pod を削除する前に終わらせることができます。したがって、猶予期間は信頼性を高めるのに重要です。

Pod を削除すると、Pod に関連づけられていたコンテナに保存されたすべてのデータは、Pod と一緒に削除されてしまうことに注意しましょう。Pod の複数世代のインスタンスにわたってデータを永続化したいなら、この章の最後で紹介するPersistentVolumeを使用する必要があります。

5.5 Pod へのアクセス

これで Pod が動いている状態になったので、Pod にアクセスしましょう。Pod で動いている Web サービスにアクセスしたり、問題発生時にデバッグのためにログを見たり、Pod のデバッグのためにコマンドを実行したりといったことができます。ここからは、Pod の中のコードやデータとやり取りするための方法を見ていきます。

5.5.1 ポートフォワードの使用

後ほど、ロードバランサを通じて外部あるいは他のコンテナにサービスを公開する方法を紹介します。しかし、インターネットに公開せず、単に特定の Pod にアクセスしたいだけという場合もあるでしょう。

その際は、Kubernetes APIとコマンドラインツールに備えられている、ポートフォワードの機能を使用できます。

次のコマンドを実行すると、Kubernetesのマスタを経由し、ローカルマシンと、ワーカノードの内の1台で動いているPodのインスタンスの間にセキュアなトンネルが作られます。

```
$ kubectl port-forward kuard 8080:8080
```

ポートフォワードのコマンドが動いている間は、http://localhost:8080からPod（この例ではkuardのWebインタフェイス）にアクセスできます。

5.5.2 ログからの詳細情報の取得

アプリケーションをデバッグする時、describeの表示より詳細な情報が得られれば、アプリケーションの動作を深く理解できます。Kubernetesは、実行中のコンテナのデバッグのために、2つのコマンドを用意しています。その1つkubectl logsは、実行中のインスタンスから直近のログをダウンロードします。

```
$ kubectl logs kuard
```

このコマンドに -fフラグを追加すると、流れるログを連続的に追えます。

kubectl logs コマンドは、実行中のコンテナから常にログを取得するよう動作します。--previous フラグを付けると、コンテナの1世代前のインスタンスからログを取得します。このフラグは、コンテナが起動時に再起動を繰り返してしまうような問題がある際には便利です。

> kubectl logsは、本番環境で1回限りのデバッグをする場合は使いやすいですが、一般的にはログアグリゲーションサービスを使う方が便利です。FluentdやElasticsearchといったオープンソースのログアグリゲーションツールもありますし、クラウドロギングプロバイダも多数存在しています。ログアグリゲーションサービスは、長期間のログを保存できると共に、多機能なログ検索やフィルタリング機能も提供しています。また、複数のPodからログをまとめて1画面で表示する機能を提供しているログアグリゲーションサービスもあります。

5.5.3 exec を使用したコンテナ内でコマンド実行

ログだけでは何が起こっているか完全に把握できない場合は、コンテナ内でコマンドを実行する必要があります。コンテナ内でのコマンドの実行は次のように行います。

```
$ kubectl exec kuard date
```

また、-itフラグを追加して、対話的にコマンドを実行することもできます。

```
$ kubectl exec -it kuard ash
```

5.5.4 コンテナとローカル間でのファイル転送

さらに詳しい調査を行う場合、リモートのコンテナからローカルマシンにファイルをコピーしたいこともあるでしょう。例として、tcpdumpでパケットキャプチャしたデータをWiresharkのようなツールを使って確認したい場合を考えます。Pod内のコンテナには、/captures/capture3.txtというファイルがあるとします。このファイルをローカルマシンにセキュアにコピーするには、次のコマンドを実行します。

```
$ kubectl cp <Pod名>:/captures/capture3.txt ./capture3.txt
```

またある時には、ローカルマシンからコンテナにファイルをコピーしたい場合もあるでしょう。ローカルの$HOME/config.txtをリモートのコンテナにコピーする場合は次のコマンドを実行します。

```
$ kubectl cp $HOME/config.txt <Pod名>:/config.txt
```

一般的には、コンテナにファイルをコピーするのはアンチパターンです。コンテナ内のコンテンツは、イミュータブルなものとして扱うべきです。しかし、新しいイメージを作ってプッシュして展開するより高速なので、障害復旧のためのいちばん早い方法がファイルのコピーである場合もあります。その際でも、障害から復旧した後すぐにイメージを作成して展開しなければなりません。それをしないと、コンテナに加えた変更を忘れてしまい、次の定期デプロイの際に上書きしてまた障害を引き起こ

してしまいます。

5.6 ヘルスチェック

Kubernetes上でアプリケーションをコンテナとして動かす時には、**プロセスヘルスチェック**の機能によって、アプリケーションが常に動いた状態に自動的に維持されます。このヘルスチェックは、アプリケーションのメインプロセスが動いているか常に監視し、動いていない場合Kubernetesがプロセスを再起動します。

しかし、シンプルなプロセス監視では十分でないケースもあります。例えば、プロセスがデッドロックを起こしてリクエストに応答できなくなった場合、プロセスは生きているので、プロセスに対するヘルスチェックだと問題ないと判断されてしまいます。

この問題を解決するためKubernetesでは、アプリケーションのliveness（起動しているかどうか）に対するヘルスチェックが可能です。Liveness probeでは、アプリケーション固有のロジックを使って、アプリケーションが単に動いているだけでなく正常に応答するかをチェックします。Liveness probeは個々のアプリケーション固有の設定なので、Podマニフェストに定義を書く必要があります。

5.6.1 Liveness probe

kuardのプロセスが動き始めたら、そのプロセスが正常かどうか、再起動するべきかどうかを確認する方法が必要です。Liveness probeはコンテナごとに定義するので、Pod内のコンテナのヘルスチェックは、コンテナごとに個別に行われます。例5-2は、kuardコンテナのマニフェストに、コンテナの/healthyパスにHTTPリクエストを送るLiveness probeの設定を追加したものです。

例5-2 kuard-pod-health.yaml

```
apiVersion: v1
kind: Pod
metadata:
  name: kuard
spec:
  containers:
    - image: gcr.io/kuar-demo/kuard-amd64:1
      name: kuard
```

```
      livenessProbe:
        httpGet:
          path: /healthy
          port: 8080
        initialDelaySeconds: 5
        timeoutSeconds: 1
        periodSeconds: 10
        failureThreshold: 3
      ports:
        - containerPort: 8080
          name: http
          protocol: TCP
```

このPodマニフェストでは、httpGetを使用して、kuardコンテナ上のポート8080の/healthyエンドポイントに対してHTTP GETリクエストを送る設定になっています。この監視ではinitialDelaySecondsが5になっているので、Pod内の全コンテナが作成されて5秒経過するまではリクエストを送りません。この監視に対しては1秒のタイムアウト値以内に応答する必要があり、HTTPステータスコードが200以上400未満の時に監視が成功したと判断するという設定です。Kubernetesは10秒おきに監視を行います。監視が失敗したら、コンテナは障害を起こしていると判断され、再起動されます。

この挙動は、kuardのステータスページから確認できます。このPodマニフェストを使ってPodを作成し、Podに対するポートフォワードも設定しましょう。

```
$ kubectl apply -f kuard-pod-health.yaml
$ kubectl port-forward kuard 8080:8080
```

ブラウザでhttp://localhost:8080を開き、"Liveness Probe"タブをクリックして下さい。kuardのこのインスタンスが受信したすべての監視の一覧を確認できます。ページ内の"fail"リンクをクリックすると、kuardのヘルスチェックが失敗し始めます。しばらく待つと、Kubernetesがコンテナを再起動します。この時点で、表示がリセットされます。再起動の詳細情報は、`kubectl describe pods kuard`で確認できます。"Event"セクションは次と同じようになっているはずです。

```
Killing container with id docker://2ac946...:pod "kuard_default(9ee84...)"
container "kuard" is unhealthy, it will be killed and re-created.
```

5.6.2　Readiness probe

　もちろん、Liveness probeだけですべての監視が事足りるわけではありません。Kubernetesは、liveness（起動しているかどうか）とreadiness（応答できるかどうか）を区別しています。Liveness probeは、アプリケーションが正常に動作しているかどうかを判断します。Liveness probeに失敗したコンテナは再起動されます。readinessとは、コンテナがユーザからのリクエストを処理できることを表します。Readiness probeはLiveness probeと同じように設定できます。Readiness probeが関連するKubernetes Serviceの詳細については、7章で説明します。

　Readiness probeとLiveness probeを組み合わせることで、常にクラスタ内のコンテナが正常に動作していることを保証できます。

5.6.3　ヘルスチェックの種類

　HTTPチェックに加えてKubernetesは、TCPソケットを開いて接続に成功したら監視成功とする、tcpSocketヘルスチェックもサポートしています。この方法は、データベースやHTTPベースでないAPIなど、HTTPを使わないアプリケーションの監視に有効です。

　また、Kubernetesではexec監視も可能です。これは、コンテナ内でスクリプトなどを実行します。この種の監視スクリプトの慣習に従って、スクリプトの返り値が0なら監視成功で、0以外を返すなら監視失敗とすることが多いでしょう。execスクリプトは、HTTPの呼び出しだとうまくいかないようなアプリケーションのチェックロジックが必要な場合に便利です。

5.7　リソース管理

　コンテナやKubernetesのようなコンテナオーケストレータを使い始める時の理由として、これらの仕組みがイメージのパッケージングや信頼性の高いデプロイを劇的に改善してくれるという点がよく挙げられます。アプリケーション指向の仕組みによって分散システムの開発がシンプルになるという基本的な機能に加えて、クラスタを構成するノードの全体の使用率を上げる能力も同じように重要です。仮想か物理か

によらず、アイドル状態だろうと全力で処理を行っていようと、マシンを運用する基本的コストは一定です。そのため、インフラへの投資の効率性を上げるには、それぞれのマシンを最大限に使用することが求められます。

一般的には、この効率性は使用率で計測します。使用率とは、使用されたリソース量を、購入したリソース量で割った値です。例えば、1コアのマシンを購入し、アプリケーションがその10分の1を使用したら、使用率は10%になります。

Kubernetesのようにリソースをまとめて管理するスケジューリングシステムを使うと、使用率を50%以上に高められます。

高い効率性を実現するには、アプリケーションが必要とするリソースをKubernetesに対して伝える必要があります。これによりKubernetesは、購入したマシンにコンテナをうまく詰め込むことができます。

Kubernetesでは、次の2つのリソース指標を指定できます。**リソース要求**（resource request）で、アプリケーションを動かすのに最低限必要なリソースを指定します。**リソース制限**（resource limit）で、アプリケーションが使用する可能性のある最大リソース量を指定します。これらの指標について、次の節で詳しく見てみましょう。

5.7.1 リソース要求：必要最低限のリソース

Kubernetesでは、コンテナを動かすために必要なリソースをPodが要求します。Kubernetesは、Podが要求したリソースが使用可能なことを保証します。要求されることが多いリソースとしてはCPUやメモリがありますが、KubernetesはGPUなど他のリソースタイプもサポートしています。

例としてkuardコンテナは、マシン上の1 CPUの半分が空いていて128MBのメモリを割り当てられるマシンに配置される必要があるとしましょう。その場合、Podの定義は例5-3のようになります。

例5-3　kuard-pod-resreq.yaml

```
apiVersion: v1
kind: Pod
metadata:
  name: kuard
spec:
  containers:
    - image: gcr.io/kuar-demo/kuard-amd64:1
```

```
    name: kuard
    resources:
      requests:
        cpu: "500m"
        memory: "128Mi"
    ports:
      - containerPort: 8080
        name: http
        protocol: TCP
```

リソースの要求は、Podごとではなくコンテナごとに行います。Podによって要求される総リソース量は、Pod内の全コンテナが要求するリソースの総和になります。コンテナごとにリソースを要求する理由は、多くの場合、各コンテナがCPUに対して要求するリソースが大きく異なるためです。前述の、Webサーバとデータ同期サーバが同一のPodで動く例を考えてみると、Webサーバがユーザが直接アクセスしCPUを大量に使う可能性が高いのに対し、データ同期サーバはほとんどCPUを使いません。

リクエスト上限

　リソース要求の情報は、Podをノードに割り当てる時に使います。Kubernetesスケジューラは、ノード上の全Podのリソース要求の和が、ノードのキャパシティを超えないように調整します。したがって、Podがノードで動く際には、最低でもリソースの要求量は使用できることが保証されています。重要なのは、「要求」は最低値を表している点です。Podが使う可能性のある最大量はここでは指定していません。これがどういう意味なのか、次の例で見てみましょう。

　使用可能なCPUコアを全部使おうとするコンテナがあるとします。その時、リソース要求として0.5 CPUを設定したコンテナを入れたPodを作ります。KubernetesはこのPodを、2 CPUコアを持つマシンに割り当てます。

　マシン上にこのPodしかない時は、リソース要求は0.5 CPUでも、コンテナは2コア分すべてのCPUを使います。

　同じコンテナから構成され、かつ0.5 CPUコアのリソース要求を設定した2つめのPodをマシンに割り当てると、各Podはそれぞれ1コアを使用します。

　全く同じ設定で3つめのPodをこのマシンに割り当てると、各Podはそれぞれ0.66コアを使用します。さらにここで4つめのPodを割り当てると、各Podは当初要求した量であるそれぞれ0.5コアを使用するようになります。これでこのマシンは

容量いっぱいです。

なお、CPU のリソース要求は、Linux カーネルの cpu-shares 機能を使って実装されています。

> メモリのリソース要求も CPU と同じように扱われます。ただし、重要な違いがあります。コンテナがメモリのリソース要求よりも多くメモリを使用していても、そのメモリは割り当て済みなので、OS はプロセスからメモリを奪うことはできません。そのためシステムのメモリが不足した時には、リソース要求量以上にメモリを使用しているコンテナを、kubelet が停止します。停止されたコンテナは自動的に再起動されますが、再起動後はコンテナが使えるメモリは以前より少ない状態になります。

リソース要求は、Pod に対してリソースが使えることを保証する仕組みなので、高負荷状態でもコンテナは十分なリソースを使用できます。

5.7.2 limits を使ったリソース使用量の制限

リソース要求を指定して Pod が使用する最低リソース量を設定するだけでなく、リソース制限を使って Pod のリソース使用量の上限を設定することもできます。前の例では、0.5 CPU コアと 128MB メモリを要求するように kuard を設定して作成しました。例5-4の Pod マニフェストでは、この設定に 1 CPU コア、256MB メモリの上限を追加しています。

例5-4　kuard-pod-reslim.yaml

```
apiVersion: v1
kind: Pod
metadata:
  name: kuard
spec:
  containers:
    - image: gcr.io/kuar-demo/kuard-amd64:1
      name: kuard
      resources:
        requests:
          cpu: "500m"
          memory: "128Mi"
        limits:
```

```
        cpu: "1000m"
        memory: "256Mi"
    ports:
      - containerPort: 8080
        name: http
        protocol: TCP
```

コンテナにリソース制限を設定すると、コンテナのリソース使用量が制限を超えないよう、カーネルが調整を行います。CPU リソース制限が 0.5 コアのコンテナは、マシンの CPU がアイドル状態でも、0.5 コアを超えて使用することはありません。256MB のメモリリソース制限があるコンテナでは、メモリ使用量が 256MB を超えると、それ以上のメモリを使用できなくなります（具体的にはコンテナが終了されます）。

5.8 Volume を使ったデータの永続化

Pod が削除されたりコンテナが再起動されると、コンテナのファイルシステム上のあらゆるデータも一緒に削除されます。これは、ステートレスな Web アプリケーションによって作られたゴミを残さないという意味では有用です。しかし、永続的なディスクにアクセス可能なことも、正常なアプリケーションの重要な要件の 1 つです。Kubernetes では、そういった永続的なディスクも使用可能です。

5.8.1 Volume と Pod の組み合わせ

Pod マニフェストに Volume を追加するには、2 つのセクションを設定に追加する必要があります。1 つめは、spec.volumes セクションです。これは、Pod マニフェスト内のコンテナからアクセスされる可能性のあるすべての Volume の一覧の配列です。すべてのコンテナは、Pod 内で定義されたすべての Volume をマウントできる必要がある点に注意して下さい。2 つめは、コンテナ定義内の volumeMounts です。これは、特定のコンテナのどのパスに Volume をマウントするかの設定の配列です。同じ Pod 内の別々のコンテナが、同じ Volume を違うパスにマウントすることもできます。

例 5-5 のマニフェストは、 kuard-data という Volume を定義し、それを kuard コンテナの /data パスにマウントするものです。

例 5-5　kuard-pod-vol.yaml

```
apiVersion: v1
kind: Pod
metadata:
  name: kuard
spec:
  volumes:
    - name: "kuard-data"
      hostPath:
        path: "/var/lib/kuard"
  containers:
    - image: gcr.io/kuar-demo/kuard-amd64:1
      name: kuard
      volumeMounts:
        - mountPath: "/data"
          name: "kuard-data"
      ports:
        - containerPort: 8080
          name: http
          protocol: TCP
```

5.8.2　Volume と Pod を組み合わせる別の方法

　アプリケーションでデータを扱う方法は、他にもいろいろあります。Kubernetes で推奨されるパターンを紹介します。

コミュニケーション、同期

　Pod の最初の例で、リモートの Git リポジトリからデータを同期しつつ、そのデータで Web サイトを提供するのに、2 つのコンテナがどのように共有 Volume を使うのかを見ました。これを実現するのに Pod は、emptyDirという Volume を使います。この Volume は Pod が停止されるまでしか使えませんが、2 台のコンテナで共有でき、Git の同期コンテナと Web サーバコンテナの間のコミュニケーションの基盤になります。

キャッシュ

　アプリケーションを正常に動かすためには Volume は必須ではないけれど、パ

フォーマンス向上のために Volume を使った方がよいことがあります。例えば、大きな画像のサムネイルを作る場合などです。サムネイルは元の画像から作成できますが、サムネイルの作成自体はコストのかかる処理です。このようなデータは、ヘルスチェックの失敗などによるコンテナの再起動時にもキャッシュに残って欲しいでしょう。emptyDir は、このようなキャッシュの提供にも有用です。

永続化データ

本来の意味での永続化データは、特定の Pod のライフサイクルとは独立していて、ノード障害など何らかの理由でクラスタ内の他のノードに Pod が移動された場合でも、引き続き使用可能である必要があります。このような永続化データを保存するストレージとしても、Volume を使用できます。Kubernetes ではこれを実現するため、NFS や iSCSI のような広く使用されているプロトコルや、Amazon の Elastic Block Store（EBS）、Azure の Files and Disk Storage、Google の Persistent Disk といったクラウドプロバイダのネットワークストレージなど、さまざまな種類のリモートのネットワークストレージを使った Volume をサポートしています。

ホストのファイルシステムのマウント

データを永続化する Volume は必要ないけれどホストのファイルシステムにアクセスしたい、というアプリケーションも考えられます。例として、システム上のデバイスに対してブロックレベルでアクセスするため、/dev ファイルシステムにアクセスしたいというケースがあります。このような場合 Kubernetes では、ワーカノードの任意の場所をコンテナにマウントできる、hostPath という Volume を使用できます。

例5-5の例では、 hostPath の Volume が使われています。ここでは、ホスト上の /var/lib/kuard から Volume を作成しています。

5.8.3　リモートディスクを使った永続化データ

Pod が他のホストマシン上で再起動された時でも、Pod が処理を行うために保持していたデータが必要になる場合があります。

これを実現するために、Pod に対してリモートのネットワークストレージの Volume をマウントできます。ネットワークベースのストレージを使う場合に、その Volume を使用する Pod が特定のマシンに割り当てられた時、適切なストレージのマ

ウントやアンマウントの制御を Kubernetes が自動的に行います。

　ネットワーク越しに Volume をマウントする方法はたくさんあります。Kubernetes は NFS や iSCSI といった標準的なプロトコルと、主要なクラウドプロバイダ（パブリックおよびプライベート）の提供するストレージ API をサポートしています。クラウドプロバイダは、ディスクがまだ存在していない時にはディスクも作成してくれることがほとんどです。

　次は、NFS サーバを使用する場合の例です。

```
...
# Pod定義はここでは省略
volumes:
  - name: "kuard-data"
    nfs:
      server: my.nfs.server.local
      path: "/exports"
```

5.9　すべてまとめて実行する

　アプリケーションの多くはステートフルなので、どのマシンでアプリケーションが動いているかに関係なく、データを保持し続け、Volume にアクセスできるようにしておく必要があります。ここまで見てきたように、これを実現するためにはネットワーク接続されたストレージを使った永続化ディスクを使います。また、アプリケーションの正常なインスタンスが常に動いている必要もあります。つまり、クライアントにサービスを公開する前に kuard のコンテナが確実に動いているようにする必要があるということです。

　Kubernetes は、PersistentVolume、Readiness probe、Liveness probe、リソース制限といった機能を組み合わせ、ステートフルなアプリケーションを高い信頼性で動かすのに必要なものすべてを提供しています。例5-6は、これらを1つのマニフェストにまとめたものです。

例5-6　kuard-pod-full.yaml

```
apiVersion: v1
kind: Pod
metadata:
  name: kuard
```

```yaml
spec:
  volumes:
    - name: "kuard-data"
      nfs:
        server: my.nfs.server.local
        path: "/exports"
  containers:
    - image: gcr.io/kuar-demo/kuard-amd64:1
      name: kuard
      ports:
        - containerPort: 8080
          name: http
          protocol: TCP
      resources:
        requests:
          cpu: "500m"
          memory: "128Mi"
        limits:
          cpu: "1000m"
          memory: "256Mi"
      volumeMounts:
        - mountPath: "/data"
          name: "kuard-data"
      livenessProbe:
        httpGet:
          path: /healthy
          port: 8080
        initialDelaySeconds: 5
        timeoutSeconds: 1
        periodSeconds: 10
        failureThreshold: 3
      readinessProbe:
        httpGet:
          path: /ready
          port: 8080
        initialDelaySeconds: 30
        timeoutSeconds: 1
        periodSeconds: 10
        failureThreshold: 3
```

PersistentVolumeは、幅広くかつ奥深いトピックです。特に、PersistentVolume、PersistentVolumeClaim、動的ボリューム割り当てを組み合わせて使う場合にその傾向があります。より詳しい説明は、13章で取り上げます。

5.10　まとめ

　Podは、Kubernetesクラスタ上におけるアトミックな単位です。Podは、共生関係にあって一緒に動作する1つ以上のコンテナから構成されます。Podを作成するには、Podマニフェストを作成し、コマンドラインツールを使用するか、（あまり使用されませんが）JSONを直接HTTPでKubernetes APIサーバに送信します。

　マニフェストをAPIサーバに送信したら、KubernetesスケジューラはPodが動作できるマシンを探し、そのマシンにPodを割り当てます。割り当てが済むと、マシン上のkubeletデーモンがPodに対応したコンテナを作成し、Podマニフェストに定義されたヘルスチェックを実行します。

　Podがノードに割り当てられると、そのノードが障害を起こしてもPodは割り当て直されません。また、同じPodを複製する場合、複製とネーミングは手動で行う必要があります。この後の章では、ReplicaSetオブジェクトを説明して、同一のPodを自動的に複数作成し、ノードが障害を起こした際にはPodが再作成されるようにする方法を紹介します。

6章
LabelとAnnotation

Kubernetesは、アプリケーションがより大きく複雑になっていくのに合わせて、一緒に成長できるように作られています。この目的を達成するための基本的機能として、LabelとAnnotationは追加されました。LabelとAnnotationによって、アプリケーションについてどう考えているかをマッピングできる仕組みを使用できるようになります。アプリケーション内でグループを表すために、リソースを整理したり、目印を付けたり、相互参照したりできます。

Labelは、PodやReplicaSetといったKubernetesオブジェクトに付与できる、キーと値のペアです。Labelは任意に付けることができ、Kubernetesオブジェクトを特定するための情報を付与できます。Labelは、オブジェクトをグループ化するための基盤となる機能です。

一方Annotationは、Labelと似たストレージの仕組みです。Annotationもキーと値のペアですが、ツールやライブラリを便利に使用するために必要になる、オブジェクトを特定しない情報を入れられます。

6.1 Label

Labelは、オブジェクトのメタデータを特定するためのものです。Labelは、オブジェクトをグループ化したり、一覧表示したり、操作したりする際の基本的機能です。

Labelは、巨大で複雑なアプリケーションを動かしてきたGoogleの経験から生まれました。ここに至るまでには、いろいろな教訓がありました。Googleがどのように本番システムに取り組んでいるか、詳しい背景については、Betsy Beyerによる偉大なる『SRE サイトリライアビリティエンジニアリング』（オライリー・ジャパン）を参照して

下さい。

1つめの教訓は、本番環境の運用では、1つしか作らないものを極端に嫌うことです。ソフトウェアをデプロイする時、ユーザは通常、1台のインスタンスから始めます。しかし、アプリケーションが成熟するにつれて、このような1つしかないものは複数に増え、オブジェクトの集まりになっていきます。このため、インスタンスを1つずつ管理するのではなく、オブジェクトの集まりを管理するためにLabelを使うようになりました。

2つめの教訓は、システムによって強制された階層構造は、ほとんどのユーザには不満でしかないことです。ユーザによるグループや階層構造は、時と共に変わっていくものです。例えば、すべてのアプリケーションは複数の別のサービスを利用しながら開発するという考え方で始めたとします。すると、時と共に各サービスは他の複数サービスから使われるようになっていくので、階層構造で関係を表すのは難しくなります。KubernetesのLabelは、こういった状況にも対応できるよう柔軟です。

Labelはシンプルな文法構造を持っています。キーと値があり、そのどちらも文字列です。Labelのキーは、スラッシュで分けられたオプションのプレフィックスと、名前の2つの部分から構成されます。プレフィックスを指定する場合、プレフィックスはDNSサブドメインである必要があり、長さは253文字に制限されています。キーの名前は必ず指定しなければならず、長さは63文字以下という制限があります。名前の先頭と末尾は必ずアルファベットか数字で、途中にはダッシュ (-)、アンダースコア (_)、ドット (.) が使えます。

Labelの値は最大63文字の文字列です。Labelの値には、Labelのキーと同じルールに従った文字が使用できます。

表6-1は、Labelのキーと値の例です。

表6-1 Labelの例

キー	値
acme.com/app-version	1.0.0
appVersion	1.0.0
app.version	1.0.0
kubernetes.io/cluster-service	true

6.1.1 Labelの適用

ここで、Labelを付けたDeployment（Podの集まりを作る方法）を作ってみま

しょう。alpaca と bandicoot という 2 つのアプリケーションを作り、それぞれ別の環境に置きます。バージョンもそれぞれ 2 つ作ります。

まず、alpaca-prod という Deployment を作り、ver、app、env の各 Label をセットします。

```
$ kubectl run alpaca-prod \
  --image=gcr.io/kuar-demo/kuard-amd64:1 \
  --replicas=2 \
  --labels="ver=1,app=alpaca,env=prod"
```

次に、alpaca-test という Deployment を作り、ver、app、env の各 Label をセットします。

```
$ kubectl run alpaca-test \
  --image=gcr.io/kuar-demo/kuard-amd64:2 \
  --replicas=1 \
  --labels="ver=2,app=alpaca,env=test"
```

最後に、bandicoot という Deployment を 2 つ作り、それぞれの環境を prod と staging と名付けます。

```
$ kubectl run bandicoot-prod \
  --image=gcr.io/kuar-demo/kuard-amd64:2 \
  --replicas=2 \
  --labels="ver=2,app=bandicoot,env=prod"
$ kubectl run bandicoot-staging \
  --image=gcr.io/kuar-demo/kuard-amd64:2 \
  --replicas=1 \
  --labels="ver=2,app=bandicoot,env=staging"
```

この時点で、alpaca-prod、alpaca-test、bandicoot-prod、bandicoot-staging の 4 つの Deployment ができているはずです。

```
$ kubectl get deployments --show-labels
```

```
NAME                ... LABELS
alpaca-prod         ... app=alpaca,env=prod,ver=1
alpaca-test         ... app=alpaca,env=test,ver=2
bandicoot-prod      ... app=bandicoot,env=prod,ver=2
bandicoot-staging   ... app=bandicoot,env=staging,ver=2
```

この状態を、Labelをベースにしてベン図で表すと図6-1になります。

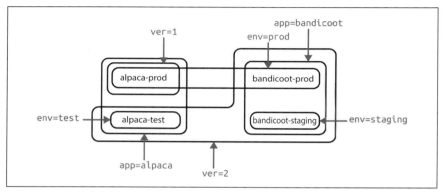

図6-1　Deploymentに適用されたLabelの概念図

6.1.2　Labelの変更

Labelは、作成した後でもオブジェクトに適用したり更新したりできます。

```
$ kubectl label deployments alpaca-test "canary=true"
```

 Labelを適用したり更新する際には罠があるので注意しましょう。例えば、kubectl labelコマンドは、Deploymentに付いたLabelだけを変更し、そのDeploymentが作成したオブジェクト（ReplicaSetやPod）のLabelは変更しません。関連づいているオブジェクトのLabelも変更したい場合、Deploymentに埋め込まれたテンプレートを変更する必要があります（12章を参照して下さい）。

Labelの値を列で見たい時は、kubectl getに -L オプションを付けます。

```
$ kubectl get deployments -L canary
NAME                DESIRED   CURRENT   ... CANARY
alpaca-prod         2         2         ... <none>
alpaca-test         1         1         ... true
bandicoot-prod      2         2         ... <none>
bandicoot-staging   1         1         ... <none>
```

Labelの値の末尾にダッシュ（-）を付けると、Labelを削除できます。

```
$ kubectl label deployments alpaca-test "canary-"
```

6.1.3 Label セレクタ

Labelセレクタは、Labelの集まりを元にKubernetesオブジェクトをフィルタリングするのに使います。セレクタでは、単純な論理演算の表現（boolean language）を使用します。セレクタは、kubectlのようなツールを使用してエンドユーザが任意で指定するのはもちろん、異なるオブジェクトタイプ間の関連付け（例えばReplicaSetとPodの関連など）のためにも使います。

各Deploymentは、Deploymentに埋め込まれたテンプレート内で指定されたLabelを使い、ReplicaSet経由でPodを作成します。これは、kubectl runコマンドで設定します。

kubectl get podsコマンドを実行すると、クラスタ内で動作中のすべてのPodの一覧が表示されます。今は、3つの環境にまたがって合計6つkuardのPodが存在しているはずです。

```
$ kubectl get pods --show-labels
NAME                                    ... LABELS
alpaca-prod-3408831585-4nzfb            ... app=alpaca,env=prod,ver=1,...
alpaca-prod-3408831585-kga0a            ... app=alpaca,env=prod,ver=1,...
alpaca-test-1004512375-3r1m5            ... app=alpaca,env=test,ver=2,...
bandicoot-prod-373860099-0t1gp          ... app=bandicoot,env=prod,ver=2,...
bandicoot-prod-373860099-k2wcf          ... app=bandicoot,env=prod,ver=2,...
bandicoot-staging-1839769971-3ndv       ... app=bandicoot,env=staging,ver=2,...
```

これまで見たことのない、pod-template-hashという新しいLabelが見えるはずです。このLabelは、どのテンプレートバージョンからのPodが生成されたのかを追跡できるように、Deploymentによって付けられたものです。このLabelによって、Deploymentがきれいにアップデートをできるようになります。詳しくは、12章で取り上げます。

verというLabelが2に設定されているPodを一覧表示したい場合、--selectorフラグを使用します。

```
$ kubectl get pods --selector="ver=2"
NAME                                READY  STATUS   RESTARTS  AGE
alpaca-test-1004512375-3r1m5        1/1    Running  0         3m
bandicoot-prod-373860099-0t1gp      1/1    Running  0         3m
bandicoot-prod-373860099-k2wcf      1/1    Running  0         3m
bandicoot-staging-1839769971-3ndv5  1/1    Running  0         3m
```

2つのセレクタをカンマで繋いで指定すると、両方の条件を満たすオブジェクトだけが表示されます。つまり、論理演算のANDです。

```
$ kubectl get pods --selector="app=bandicoot,ver=2"
NAME                                READY  STATUS   RESTARTS  AGE
bandicoot-prod-373860099-0t1gp      1/1    Running  0         4m
bandicoot-prod-373860099-k2wcf      1/1    Running  0         4m
bandicoot-staging-1839769971-3ndv5  1/1    Running  0         4m
```

また、Labelがどれかに合致するかも確認できます。次の例は、appというLabelがalpacaあるいはbandicootのPodすべて（つまりここでは6つ全部）を表示します。

```
$ kubectl get pods --selector="app in (alpaca,bandicoot)"
NAME                                READY  STATUS   RESTARTS  AGE
alpaca-prod-3408831585-4nzfb        1/1    Running  0         6m
alpaca-prod-3408831585-kga0a        1/1    Running  0         6m
alpaca-test-1004512375-3r1m5        1/1    Running  0         6m
bandicoot-prod-373860099-0t1gp      1/1    Running  0         6m
bandicoot-prod-373860099-k2wcf      1/1    Running  0         6m
bandicoot-staging-1839769971-3ndv5  1/1    Running  0         6m
```

最後に、あるLabelが設定されているかどうかを調べることも可能です。次の例は、値を問わずcanaryというLabelが設定されているすべてのDeploymentを表示します。

```
$ kubectl get deployments --selector="canary"
NAME           DESIRED   CURRENT   UP-TO-DATE   AVAILABLE   AGE
alpaca-test    1         1         1            1           7m
```

この他に、各書式の否定形もあります。それらも含めたまとめが表6-2です。

表6-2 セレクタで使える演算子

演算子	説明
key=value	keyはvalueである
key!=value	keyはvalueではない
key in (value1, value2)	keyはvalue1かvalue2のどちらかである
key notin (value1, value2)	keyはvalue1とvalue2のどちらでもない
key	keyが設定されている
!key	keyが設定されていない

6.1.4 APIオブジェクト内のLabelセレクタ

あるKubernetesオブジェクトが他のKubernetesオブジェクトの集まりを参照する際、Labelセレクタを使います。Labelセレクタは、前節で説明した単純な文字列表現の代わりに、パース可能な構造体でも表現できます。

APIの後方互換性を崩してはならないという背景から、KubernetesのLabelセレクタには2つの表現方法があります。ほとんどのオブジェクトでは、より強力な新しいセレクタ演算子が使用可能です。

app=alpaca,ver in (1,2)というセレクタは、次のように表現できます。

```
selector:
  matchLabels:
    app: alpaca
  matchExpressions:
    - {key: ver, operator: In, values: [1, 2]}
```

最終行は、配列やハッシュを1行で記述できるフロースタイルのYAML表記です。この例では、3つのエントリからなるリスト（matchExpressions）で構成された、1つのアイテムで表現されています。最後のエントリ（values）は、さらに2アイテムのリストになっています。

すべての条件は論理ANDで評価されます。!=演算子を表現するには、NotInを使用します。

セレクタを指定する古い表現方法（ReplicationControllerとServiceで使用されています）では、=演算子だけをサポートしています。この表現方法では、選択したいオブジェクトに完全にマッチするシンプルなキーと値のペアを指定します。

app=alpaca,ver=1というセレクタは、次のように表現できます。

```
selector:
  app: alpaca
  ver: 1
```

6.2　Annotation

Annotationは、ツールやライブラリを手助けするための、Kubernetesオブジェクトに対するメタデータを保存する入れ物です。また、他のプログラムがAPI経由でKubernetesを動かすため、オブジェクトに関する不特定の情報を保存する方法とも言えます。Annotationは、それ自体をツールとして使うこともできますし、外部システムに設定情報を受け渡す用途にも使えます。

Labelがオブジェクトを識別しグループ化するものである一方で、Annotationは、オブジェクトがどこから来たのか、どのように使うのか、どのようなポリシーなのかといった追加情報を提供するためにあります。LabelとAnnotationの機能には重複もありますが、いつLabelを使い、いつAnnotationを使うべきかは、好みの問題です。判断がつかない時は、オブジェクトに関する情報はAnnotationとして付加し、セレクタとして使いたくなったらLabelに昇格させるのがよいでしょう。

Annotationは、次の用途で使用します。

- オブジェクトの変更理由の記録
- 特別なスケジューラへの特別なスケジューリングポリシーの伝達

- リソースを更新したツールと、どのように更新したかの情報の付加（他のツールから更新を検知したり、うまくマージしたりするため）
- Labelでは表現しづらいビルド、リリース、イメージ情報の保存（Gitのハッシュやタイムスタンプ、プルリクエスト番号など）
- Deploymentオブジェクト（12章）によるロールアウトのための、ReplicaSetの追跡情報の保存
- UIの見た目の品質や使いやすさを高める情報の保存。例えば、オブジェクトに対応するアイコンへのリンクの保存など（base64エンコードされた画像自体を入れることも可能）
- Kubernetesでのプロトタイプ機能の提供（専用のAPIフィールドを作る代わりに、その機能のパラメータを入れるのにAnnotationを使う）

　AnnotationはKubernetesのさまざまな部分で使われていますが、主な使い方はDeploymentを展開するための情報としてです。Deploymentの展開中、展開のステータスを追跡したり、Deploymentを前の状態にロールバックするために必要な情報を保存しておくのにAnnotationを使用します。

　Kubernetes APIサーバを汎用のデータベースとして使うべきではありません。Annotationは、特定のリソースに強く関連づいた小さなデータを入れるのに最適な仕組みです。Kubernetesにデータを入れておきたいけれど、そのデータが明確なオブジェクトに関連づいたものでない場合は、適切なデータベースを用意するなど他の方法での保存を検討しましょう。

6.2.1　Annotationの定義

　Annotationのキーは、Labelキーと同じフォーマットを使用できます。Annotationはツール間のコミュニケーションに使う場合も多いことから、キーの名前部分は特に重要です。deployment.kubernetes.io/revisionやkubernetes.io/change-causeなどが例として挙げられます。

　Annotationの値部分は、フリーフォーマットの文字列です。ユーザが任意のデータを保存できるという点で非常に柔軟性が高いですが、フォーマットのバリデーションはされない点に注意しましょう。例えば、AnnotationにJSONドキュメントをエ

ンコードして、文字列として保存することも珍しくありません。Kubernetes サーバ
は Annotation のフォーマットの制約について関知しないので、Annotation でデータ
を受け渡したり保存する時でも、データが正しいとは限りません。そのため、エラー
を追うのは難しくなります。

Annotation は、次の例のように Kubernetes オブジェクトの metadataセクション
内で定義します。

```
...
metadata:
  annotations:
    example.com/icon-url: "https://example.com/icon.png"
...
```

Annotation は便利で、疎結合ための強力な仕組みとして使えます。しかし、雑然
として型のないデータの集まりにならないよう、賢く使う必要があります。

6.3　後片付け

この章で作成したすべての Deployment は、次のコマンドで簡単に削除できます。

```
$ kubectl delete deployments --all
```

もっと選択的に削除したい時は、--selector フラグでどの Deployment を削除する
か指定できます。

6.4　まとめ

Label は、Kubernetes クラスタ上のオブジェクトを識別したり、グループ化した
りするのに使います。また、Pod などのオブジェクトを実行時に動的にグループ化
するために、セレクタクエリの中でも Label を使用します。

Annotation は、自動化ツールやクライアントライブラリから使用するメタデータ
を保存する、オブジェクトを単位としたキーバリューストアです。また、サードパー
ティのスケジューラや監視ツールなどの外部ツールが使う設定データを保存すること
も可能です。

LabelとAnnotationは、クラスタの望ましい状態を保つため、Kubernetesクラスタのコンポーネントがどう連携するのかを理解する鍵になります。LabelとAnnotationを適切に使えば、Kubernetesの本当の柔軟性を発揮でき、自動化ツールやデプロイのワークフローを構築する最初の一歩を踏み出せるようになります。

7章
サービスディスカバリ

　Kubernetesは非常にダイナミックなシステムです。Kubernetesのシステムは、ノードへのPodの配置を制御し、Podが間違いなく起動して動き続けているようにし、必要に応じて別のノードに割り当て直します。負荷に応じてPodの数を自動的に変更する機能（Podの水平スケール（8章の「8.7.3　ReplicaSetのオートスケール」を参照））もあります。KubernetesのAPIドリブンな性質が、他のシステムにもより高いレベルでの自動化を促します。

　Kubernetesは、そのダイナミックな性質によってたくさんのサービスを同時に実行可能ですが、動いているサービスを見つけるのは難しくなります。伝統的なネットワークインフラのほとんどは、Kubernetesが提供するようなダイナミックなレベルに対応できるようには作られていません。

7.1　サービスディスカバリとは

　上で述べたような、何かを見つけるという問題とその解決策を一般に、**サービスディスカバリ**と呼びます。サービスディスカバリツールは、どのプロセスがどのアドレスでどのサービスのために待ち受けているのかを見つける際に起きる問題を解決します。よいサービスディスカバリのサービスを使うと、ユーザはこの手の情報をすばやく確実に見つけられるようになります。よいシステムには、関連づけられたサービスに変更があると情報がすぐに更新される、つまりレイテンシが低いという特徴もあります。また、見つけるサービスが何なのかといった詳しい定義情報を保存できるのも、よいサービスディスカバリシステムの条件の1つです。例えば、あるサービスにポートが複数関連づけられているかどうかといった情報です。

　DNSは、インターネット上の伝統的なサービスディスカバリのシステムです。幅

広く効率的にキャッシュしつつ、比較的安定した名前解決を行うようデザインされています。DNSはインターネットでは素晴らしいサービスディスカバリシステムですが、Kubernetesのダイナミックな世界には不十分です。

多くのシステム（例えばJavaのデフォルト）では、1度直接DNSで名前解決したら、その後もう一度名前解決し直すことは残念ながらありません。つまり、クライアントは古いマッピング情報をキャッシュしてしまい、間違ったIPアドレスと通信してしまう可能性があります。TTLを短くしたり、クライアントの挙動を改善したりしても、名前解決の結果の変化と、クライアントがそれに気づくまでには、必然的に時間的なずれがあります。また、よくあるDNSクエリに対する応答に含められる情報の量や種類にも限りがあります。1つの名前に対してAレコードが20から30を越えると、挙動がおかしくなり始めます。SRVレコードを使えばある程度この問題を改善できますが、使いやすいとは言えません。また、DNSレコード内に複数のIPアドレスがある場合、クライアントは最初のIPアドレスを使ってしまうことが多いので、DNSサーバがIPアドレスの順番をランダムに返したり、ラウンドロビンしたりしてくれるかどうかに依存します。そのためこれは、ロードバランスの仕組みとして使えるものではありません。

7.2 Serviceオブジェクト

Kubernetesにおける本当のサービスディスカバリは、Serviceオブジェクトから始まります。

Serviceオブジェクトは、名前の付いたLabelセレクタを作る仕組みです。この先見ていくように、Serviceオブジェクトには他にも便利な点があります。

kubectl runコマンドでKubernetesのDeploymentを簡単に作れるのと同じように、kubectl exposeコマンドでServiceを作成できます。仕組みを見るために、DeploymentとServiceを作ってみましょう。

```
$ kubectl run alpaca-prod \
  --image=gcr.io/kuar-demo/kuard-amd64:1 \
  --replicas=3 \
  --port=8080 \
  --labels="ver=1,app=alpaca,env=prod"
$ kubectl expose deployment alpaca-prod
```

```
$ kubectl run bandicoot-prod \
  --image=gcr.io/kuar-demo/kuard-amd64:2 \
  --replicas=2 \
  --port=8080 \
  --labels="ver=2,app=bandicoot,env=prod"
$ kubectl expose deployment bandicoot-prod
$ kubectl get services -o wide
NAME              CLUSTER-IP      ... PORT(S)   ... SELECTOR
alpaca-prod       10.115.245.13   ... 8080/TCP  ... app=alpaca,env=prod,ver=1
bandicoot-prod    10.115.242.3    ... 8080/TCP  ... app=bandicoot,env=prod,ver=2
kubernetes        10.115.240.1    ... 443/TCP   ... <none>
```

これらのコマンドを実行した後には、3つのServiceが確認できます。今作成したのが、alpaca-prodとbandicoot-prodです。kubernetesというServiceは、アプリケーションからKubernetesのAPIに接続し通信するために、自動的に作成されたものです。

SELECTOR列にはalpacaというServiceの名前がセレクタに設定されていて、PORT列にはServiceと通信するためのポートが指定されているのがわかります。kubectl exposeコマンドは、Deploymentの定義から、Labelセレクタと関連するポート情報（ここでは8080）を引用してきます。

さらに、ServiceはクラスタIPと呼ばれる新しいタイプの仮想IPアドレスを割り当てます。これは、同じセレクタの付けられたすべてのPodにロードバランスするために使用する、特別なIPアドレスです。

Serviceと通信するために、alpacaの中のPodにポートフォワードの設定をしましょう。ターミナル内で次のコマンドを実行して下さい。コマンドを終了しない限りポートフォワードが有効で、http://localhost:48858でalpacaにアクセスが可能です。

```
$ ALPACA_POD=$(kubectl get pods -l app=alpaca \
  -o jsonpath='{.items[0].metadata.name}')
$ kubectl port-forward $ALPACA_POD 48858:8080
```

7.2.1 Service DNS

クラスタIPは仮想IPのためServiceオブジェクトを再作成しない限り変更されないので、DNSアドレスとして使用するのにも適しています。クライアント

がDNSの結果をキャッシュしてしまうという問題も、もう関係ありません。同一Namespace内なら、Serviceによって識別されるPodに接続するのに、Service名を使ってしまえば簡単です。

　Kubernetesは、クラスタ内で動作するPodにDNSサービスを提供しています。このKubernetes DNS Serviceは、クラスタが最初に作成された時に、システムコンポーネントとしてインストールされます。DNS Service自体もKubernetesによって管理されており、KubernetesがKubernetes上に作られていることのよい一例です。Kubernetes DNS Serviceは、クラスタIPのDNS名を返します。

　kuardサーバのステータスページ内の"DNS Query"を開いて、これを確認してみましょう。alpaca-prodのAレコードのクエリを発行してみて下さい。応答は次のようになるはずです。

```
;; opcode: QUERY, status: NOERROR, id: 12071
;; flags: qr aa rd ra; QUERY: 1, ANSWER: 1, AUTHORITY: 0, ADDITIONAL: 0

;; QUESTION SECTION:
;alpaca-prod.default.svc.cluster.local.	IN	A

;; ANSWER SECTION:
alpaca-prod.default.svc.cluster.local. 30	IN	A	10.115.245.13
```

完全なDNS名はalpaca-prod.default.svc.cluster.local.です。これを分解してみましょう。

alpaca-prod
　問い合わせたService名です。

default
　このServiceがあるNamespace名です。

svc
　Serviceであると認識されていることを表します。これによって、Kubernetesが将来的に他の情報をDNSで公開できるようにしています。

cluster.local．
　クラスタのベースドメイン名です。これがデフォルトなので、多くのクラスタではこのドメイン名が使われています。複数のクラスタを使用する際に一意なDNS名を付けたい場合、管理者によって変更が可能です。

　自分のNamespace内のServiceを参照する際は、Service名だけを指定できます（alpaca-prod）。alpaca-prod.defaultとすれば、他のNamespace内のServiceを参照できます。あるいは、もちろんですが完全なService名（alpaca-prod.default.svc.cluster.local．）を指定しても構いません。kuardアプリケーションの"DNS Query"セクションでいろいろと試してみましょう。

7.2.2　Readiness probe

　アプリケーションを初めて起動した時、すぐにリクエストを受け付けられる状態にならないことがあります。1秒以下から数分まで、初期化にかかる時間はまちまちです。Serviceオブジェクトが提供する便利な機能の1つに、Podがリクエストを受け付けられる状態かどうか監視する機能であるReadiness probeがあります。Readiness probeを追加するため、Deploymentを修正してみましょう。

```
$ kubectl edit deployment/alpaca-prod
```

　このコマンドは、Deployment alpaca-prodの現在のバージョンの設定を取得してきて、エディタ内にそれを表示します。編集後に保存してエディタを終了すると、その設定はKubernetesに書き込まれます。これで、YAMLファイルに設定を書き込むことなく、オブジェクトを簡単に編集できます。

　次のセクションを追加して下さい。

```
spec:
  ...
  template:
    ...
    spec:
      containers:
        ...
```

```
      name: alpaca-prod
      readinessProbe:
        httpGet:
          path: /ready
          port: 8080
        periodSeconds: 2
        initialDelaySeconds: 0
        failureThreshold: 3
        successThreshold: 1
```

これで、この Deployment が作成する Pod がリクエストを受け付けられるかどうかを、ポート 8080 の /ready に対する HTTP GET でチェックするよう設定できます。このチェックは、Pod が起動した直後から 2 秒おきに実行されます。3 回連続でチェックに失敗したら、Pod はリクエストを受け付けられなくなったと判断されます。その後チェックが 1 回でも成功したら、またリクエストを受け付けられるようになったと判断されます。

上記のように Deployment の定義を変更すると、alpaca の Pod は削除後に再作成されます。そのため、port-forward コマンドも再起動する必要があります。

```
$ ALPACA_POD=$(kubectl get pods -l app=alpaca \
  -o jsonpath='{.items[0].metadata.name}')
$ kubectl port-forward $ALPACA_POD 48858:8080
```

ブラウザで http://localhost:48858 を開くと、kuard のインスタンスのデバッグページが見えます。"Readiness Probe" セクションを開いて下さい。このシステムの Readiness probe の間隔である 2 秒おきに、ページもリロードされるのが分かるでしょう。

他のターミナルから、alpaca-prod という Service の Endpoints に対する watch コマンドを起動してみましょう。Endpoints は、どんな Service がトラフィックを発生させているかを確認する低レベルな仕組みで、この章の後で詳しく紹介します。--watch オプションを付けると、kubectl コマンドは終了せず、更新があるとその情報を出力するようになります。これは、時間と共に変化する Kubernetes オブジェクトを観察するのに便利な方法です。

```
$ kubectl get endpoints alpaca-prod --watch
```

ブラウザに戻って、Readiness probe の "Fail" リンクをクリックしてみましょう。この時点では、500 を返しているサーバが、kubectl get endpointsコマンドが出力する Endpoints 一覧に表示されているはずです。3 回チェックに失敗した後、Endpoints の一覧からサーバが消えます。"Succeed" リンクをクリックすると、Readiness probe に 1 回成功しただけで、Endpoints の一覧にまたサーバが現れます。

Readiness probe によって、過負荷や障害によってトラフィックを受け付けられないサーバをシステムに知らせることが可能になります。この仕組みによって、graceful shutdown を実装できるようになります。もうトラフィックを受け付けたくないことをサーバが通知し、すでに受け付け済みのコネクションがクローズされるのを待ち、きれいな状態で停止が可能です。

最後に、ターミナルの port-forward と watch コマンドを Ctrl-C で終了して下さい。

7.3 クラスタの外に目を向ける

ここまで、クラスタ内の Service を公開する方法を取り上げてきました。Pod の IP アドレスには、クラスタ内からしかアクセスできない場合が大半です。しかし、どこかのタイミングで新しいトラフィックを受け入れる必要があります。

外部からのアクセスを受け入れる際、Service を拡張する NodePortと呼ばれる機能を使うのが最もポータブルです。これによって、クラスタ IP に加え、システムがポートを選択する（あるいはユーザが指定する）こともできるようになり、クラスタ内の各ノードは Service のそのポートにトラフィックをフォワードできます。

この機能によって、クラスタ内のノードにアクセスさえできれば、Service と通信できるようになります。NodePortは、Service を構成する Pod がどこで動いているかを知らなくても使用できます。また、NodePort をハードウェアあるいはソフトウェアのロードバランサと連携させて、Service を公開することも可能です。

alpaca-prodという Service を変更して、試してみましょう。

```
$ kubectl edit service alpaca-prod
```

spec.type フィールドを、NodePort に変更して下さい。kubectl expose コマンドに --type=NodePort を指定することで、Service の作成時にも設定できます。これによっ

て、システムは新しい NodePort を割り当てます。

```
$ kubectl describe service alpaca-prod
Name:                   alpaca-prod
Namespace:              default
Labels:                 app=alpaca
                        env=prod
                        ver=1
Annotations:            <none>
Selector:               app=alpaca,env=prod,ver=1
Type:                   NodePort
IP:                     10.115.245.13
Port:                   <unset> 8080/TCP
NodePort:               <unset> 32711/TCP
Endpoints:              10.112.1.66:8080,10.112.2.104:8080,10.112.2.105:8080
Session Affinity:       None
No events.
```

コマンドの実行結果から、システムがポート 32711 をこの Service に割り当てたことが分かります。これで、クラスタ内のどのノードからも、Service へのアクセスにこのポートを使えるようになりました。あなたの PC が同じネットワーク内にあるなら、そこからも直接アクセスできます。クラスタがクラウド上など別な場所にあるなら、次のように SSH トンネルの使用も可能です。

```
$ ssh <ノード> -L 8080:localhost:32711
```

これで、ブラウザで http://localhost:8080 を開くと、Service に接続できます。Service に対して送信したリクエストは、Service で定義されている Pod のどれかにランダムに送られます。ページを何度かリロードすると、その度に違う Pod に割り当てられているのが確認できるはずです[†1]。

テストが終わったら、SSH セッションを切断しておきましょう。

[†1] 訳注：ブラウザがキャッシュを保持し、何度リロードしても同じ Pod が応答を返してしまうかもしれません。Chrome なら Developer Tools からキャッシュの無効化（Disable cache）(https://developers.google.com/web/tools/chrome-devtools/network-performance/?hl=ja#emulate)、Firefox なら開発ツールから HTTP キャッシュを無効化 (https://developer.mozilla.org/ja/docs/Tools/Settings#Advanced_settings) して試してみて下さい。

7.4　クラウドとの統合

　クラスタを動かしているクラウドでサポートされていて、かつクラスタが使用できるよう設定されていれば、LoadBalancer タイプを使用できます。この機能によって、クラウド上に新しいロードバランサが作成され、そのロードバランサ配下にクラスタ内のノードが入れられることで、NodePort を使って通信できるようになります。

　もう一度 kubectl edit service alpaca-prod を実行し、Service alpaca-prod を編集して spec.type を LoadBalancer に変更して下さい。

　編集直後に kubectl get services を実行すると、alpaca-prod の EXTERNAL-IP 列が <pending> と表示されているはずです。しばらく待つと、クラウドがパブリックアドレスを割り当てます。使用しているクラウドサービスのコンソールを開いて、Kubernetes が何を作成したかも見てみましょう。

```
$ kubectl describe service alpaca-prod
Name:                   alpaca-prod
Namespace:              default
Labels:                 app=alpaca
                        env=prod
                        ver=1
Selector:               app=alpaca,env=prod,ver=1
Type:                   LoadBalancer
IP:                     10.115.245.13
LoadBalancer Ingress:   104.196.248.204
Port:                   <unset> 8080/TCP
NodePort:               <unset> 32711/TCP
Endpoints:              10.112.1.66:8080,10.112.2.104:8080,10.112.2.105:8080
Session Affinity:       None
Events:
FirstSeen ... Reason                  Message
--------- ... ------                  -------
3m        ... Type                    NodePort -> LoadBalancer
3m        ... CreatingLoadBalancer    Creating load balancer
2m        ... CreatedLoadBalancer     Created load balancer
```

　Service alpaca-prod に 104.196.248.204 のアドレスが割り当てられたのが分かります。ブラウザでこのアドレスを開いてみましょう。

上記は、GKE を通じて Google Cloud Platform でクラスタを起動して管理している場合の例です。クラウドによっては、DNS ベースのロードバランサを提供している場合もあります（AWS ELB など）。この場合は、IP アドレスの代わりにホスト名が表示されます。また、クラウドプロバイダによっては、ロードバランサが使用可能な状態になるまで少し時間がかかることもあります。

7.5 より高度な詳細

Kubernetes は、拡張可能なように作られています。そのため、さらに高度な統合ができるように複数のレイヤがあります。Service のような洗練されたコンセプトがどのように実装されているのかを理解すると、トラブルシューティングや、より高度な設定を行う時に役に立ちます。この節では、より詳しい仕組みを見ていきます。

7.5.1 Endpoints

アプリケーション（とシステム）によっては、クラスタ IP を使わずに Service を使用したい場合もあるでしょう。Endpoints と呼ばれるオブジェクトを使うと、これを実現できます。Kubernetes は、各 Service オブジェクトに対して、対応する Endpoints オブジェクトを作成します。この Endpoints オブジェクトには、対応する Service オブジェクトの Label セレクタに合致する Pod の IP アドレスが入れられています。

```
$ kubectl describe endpoints alpaca-prod
Name:                alpaca-prod
Namespace:           default
Labels:              app=alpaca
                     env=prod
                     ver=1
Subsets:
  Addresses:         10.112.1.54,10.112.2.84,10.112.2.85
  NotReadyAddresses: <none>
  Ports:
    Name     Port   Protocol
    ----     ----   --------
    <unset>  8080   TCP

No events.
```

Serviceを使うには、アプリケーション自体がKubernetes APIと直接通信してEndpointsを見つけ出し、そこからIPアドレスを読み込む必要があります。Kubernetes APIは、オブジェクトを監視し、変更があると通知する機能を持っています。これを使うとクライアントは、Serviceに関連づけられたIPアドレスが変更されたらすぐに反応できます。

この動作を実際に見てみましょう。ターミナルで、次のコマンドを実行して下さい。

```
$ kubectl get endpoints alpaca-prod --watch
```

このコマンドは、現在のEndpointsの状態を表示してから、終了せずに実行されたままになります。

```
NAME         ENDPOINTS                                              AGE
alpaca-prod  10.112.1.54:8080,10.112.2.84:8080,10.112.2.85:8080     1m
```

ここで別のターミナルを開いて、alpaca-prodのDeploymentを削除し、もう一度作り直して下さい。

```
$ kubectl delete deployment alpaca-prod
$ kubectl run alpaca-prod \
  --image=gcr.io/kuar-demo/kuard-amd64:1 \
  --replicas=3 \
  --port=8080 \
  --labels="ver=1,app=alpaca,env=prod"
```

endpointsコマンドの結果をもう一度見てみると、Podが再作成されたので、Serviceに関連づけられたIPアドレスが最新のものになっていることが分かります。コマンドの出力は次のようになっているはずです。

```
NAME         ENDPOINTS                                              AGE
alpaca-prod  10.112.1.54:8080,10.112.2.84:8080,10.112.2.85:8080     1m
alpaca-prod  10.112.1.54:8080,10.112.2.84:8080                      1m
alpaca-prod  <none>                                                 1m
```

```
alpaca-prod   10.112.2.90:8080                                  1m
alpaca-prod   10.112.1.57:8080,10.112.2.90:8080                 1m
alpaca-prod   10.112.0.28:8080,10.112.1.57:8080,10.112.2.90:8080 1m
```

Endpointsオブジェクトは、最初からKubernetes上で動かすつもりでコードを書いている場合には非常に便利です。しかし、あらゆるプロジェクトがそうだというわけではありません。ほとんどの既存システムは、めったに変わらない、従来型のIPアドレスを使う前提で構築されています。

7.5.2 手動でのサービスディスカバリ

KubernetesのServiceは、Podに対するLabelセレクタを使って動いています。つまり、Serviceオブジェクトを全く使わなくても、Kubernetes APIだけで基本的なサービスディスカバリができてしまいます。仕組みを見てみましょう。

kubectl（とAPI）を使用することで、各PodにどのIPアドレスが割り当てられているかを確認できます。

```
$ kubectl get pods -o wide --show-labels
NAME                       ... IP          ... LABELS
alpaca-prod-12334-87f8h    ... 10.112.1.54 ... app=alpaca,env=prod,ver=1
alpaca-prod-12334-jssmh    ... 10.112.2.84 ... app=alpaca,env=prod,ver=1
alpaca-prod-12334-tjp56    ... 10.112.2.85 ... app=alpaca,env=prod,ver=1
bandicoot-prod-5678-sbxzl  ... 10.112.1.55 ... app=bandicoot,env=prod,ver=2
bandicoot-prod-5678-x0dh8  ... 10.112.2.86 ... app=bandicoot,env=prod,ver=2
```

この仕組みは便利ですが、Podがたくさんある場合はどうしたらよいでしょうか。Deploymentの過程で適用されたLabelを元に、フィルタをかけたくなるでしょう。alpacaアプリケーションでこれをやってみましょう。

```
$ kubectl get pods -o wide --selector=app=alpaca,env=prod
NAME                            ... IP          ...
alpaca-prod-3408831585-bpzdz    ... 10.112.1.54 ...
alpaca-prod-3408831585-kncwt    ... 10.112.2.84 ...
alpaca-prod-3408831585-l9fsq    ... 10.112.2.85 ...
```

基本的なサービスディスカバリができました。Labelを使用して確認したいPodを特定し、IPアドレスを調べられます。しかし、常に正しいLabelを指定するのは難しい時もあります。そのような場合のために、Serviceオブジェクトが作られました。

7.5.3 kube-proxyとクラスタIP

クラスタIPは、Service内の各Endpointsにトラフィックをロードバランスする仮想IPです。この仕組みは、クラスタ内の各ノードで動いているkube-proxyと呼ばれるコンポーネントが実現しています（図7-1）。

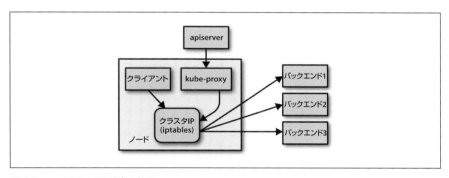

図7-1　クラスタIPの設定と使用

図7-1では、kube-proxyが、APIサーバを通じてクラスタ内の新しいServiceを監視しています。新しいServiceが作られるとkube-proxyは、iptablesのルールをホストのカーネルに設定します。このルールによって、パケットの宛先がServiceのEndpointsに書き換えられます。Podが作成されたり、Readiness probeが失敗したなどの理由でServiceのEndpointsに変更があると、iptablesのルールが書き換えられます。

通常はServiceが作成された時に、APIサーバによってクラスタIPが割り当てられます。しかし、Serviceの作成時に、ユーザが特定のクラスタIPを指定することもできます。割り当て後には、Serviceオブジェクトを作成し直さない限り変更されません。

> Kubernetes Service のアドレス範囲は、kube-apiserver バイナリの --service-cluster-ip-range フラグで指定されています。Service のアドレス範囲は、Docker ブリッジや Kubernetes ノードに割り当てられている範囲と重複しないようにする必要があります。
> また、明示的にクラスタ IP を指定する場合も、このアドレス範囲の中から選択可能で未使用のものでなければなりません。

7.5.4 クラスタ IP 関連の環境変数

ほとんどのユーザは、クラスタ IP の特定のためには DNS サービスを使用するべきですが、古い仕組みも残されており、今でも使用できます。このような古い仕組みとしては、起動時に Pod に環境変数を設定する方法があります。

この仕組みを確認するため、kuard の bandicoot インスタンスのコンソールを開いてみましょう。ターミナルから次のコマンドを実行して下さい。

```
$ BANDICOOT_POD=$(kubectl get pods -l app=bandicoot \
  -o jsonpath='{.items[0].metadata.name}')
$ kubectl port-forward $BANDICOOT_POD 48858:8080
```

このサーバのステータスページを見るため、ブラウザで http://localhost:48858 を開いて下さい。"Server Env" セクションを開くと、alpaca という Service の環境変数が表示されます。内容は、表 7-1 のようになっているはずです。

表 7-1 Service に関する環境変数

環境変数名	値
ALPACA_PROD_PORT	tcp://10.115.245.13:8080
ALPACA_PROD_PORT_8080_TCP	tcp://10.115.245.13:8080
ALPACA_PROD_PORT_8080_TCP_ADDR	10.115.245.13
ALPACA_PROD_PORT_8080_TCP_PORT	8080
ALPACA_PROD_PORT_8080_TCP_PROTO	tcp
ALPACA_PROD_SERVICE_HOST	10.115.245.13
ALPACA_PROD_SERVICE_PORT	8080

主に使う環境変数は、`ALPACA_PROD_SERVICE_HOST` と `ALPACA_PROD_SERVICE_PORT` です。他の環境変数は、Docker の link 変数（廃止予定）との互換性のために残されています。

環境変数を使う方法の問題点は、リソースを作る順番が固定されることです。Serviceは、それを参照するPodよりも先に作られる必要があります。このため、大きなアプリケーションを構成するServiceをデプロイする時には複雑さが増してしまいます。さらに、環境変数を使う方法は多くのユーザには馴染みがありません。そのため、DNSの方がよい選択だと言えます。

7.6 後片付け

この章で作成したオブジェクトを全部削除するため、次のコマンドを実行しましょう。

```
$ kubectl delete services,deployments -l app
```

7.7 まとめ

Kubernetesは、伝統的なネーミングの方法やネットワーク間でサービスを接続する方法を改善しようとする、ダイナミックなシステムです。Serviceオブジェクトは、クラスタ内外に対してサービスを公開するための、柔軟で強力な方法です。この章で見てきたテクニックを使えば、サービス間を接続したり、サービスをクラスタ外に公開したりできます。

Kubernetesでダイナミックなサービスディスカバリの仕組みを使おうとすると、新しいコンセプトが出てきて、最初は複雑に見えるかもしれません。しかし、この仕組みを理解して適応していくことが、Kubernetesの力を発揮することにつながります。アプリケーションが動的にサービスを見つけ、動的なアプリケーションの配置に対応できるようになると、いつどこで何が動いているかを考える必要がなくなります。これは、論理的にサービスを考え、Kubernetesにコンテナの配置の詳細を任せてしまうために、非常に重要なことです。

8章
ReplicaSet

ここまで、独立したコンテナを Pod として動かす方法を見てきましたが、これらの Pod は実際には 1 回限りしか使えないものでした。しかし、次のような理由から、多くの場合は一度にコンテナのレプリカを複数動かしたいはずです。

冗長性
　インスタンスを複数動かすと、障害を許容できます。

スケール
　インスタンスを複数動かすと、多くのリクエストを受け付けられます。

シャーディング
　異なるコンテナのレプリカを動かすと、異なる種類の処理を同時に受け付けられます。

　もちろん、それぞれ違う（しかし大体同じの）Pod マニフェストを使って Pod のコピーを手動で作るのも可能ですが、退屈ですし、間違いを起こしやすくなります。Pod のレプリカを作るなら、そのレプリカ群は 1 つのまとまりとして考えて管理するのが普通でしょう。これこそが、ReplicaSet の考え方です。ReplicaSet は、指定したテンプレートに従った正しい数の Pod が常に動いているようにする、クラスタ全体の Pod マネージャです。

　ReplicaSet を使うと Pod のレプリカを作ったり管理したりするのが簡単になるので、アプリケーションのよくあるデプロイパターンを記述したり、インフラレベルでアプリケーションを自己回復させる基盤として使います。ReplicaSet で管理された Pod は、ノード障害やネットワーク分断などの障害時、自動的に他のノードに再割

り当てされます。

　ReplicaSetの仕組みを考えるのに分かりやすい例として、クッキーの型と、必要なクッキーの枚数が1つのAPIオブジェクトになったものを考えてみて下さい。ReplicaSetを定義する際には、作成したいPodの仕様（クッキー型）と、レプリカの数を決めます。さらに、ReplicaSetが制御するPodの見つけ方を決める必要があります。Podのレプリカを管理する仕組みは、調整ループ（reconciliation loop）の一例です。このようなループは、Kubernetesのデザインと実装のために重要な仕組みです。

8.1　調整ループ

　調整ループのベースには、望ましい状態（desired state）の概念があります。望ましい状態とは、こうあって欲しいという状態です。ReplicaSetで言えば、レプリカの数や、複製するPodの定義です。例えば、kuardサーバを動かすPodのレプリカが3つ動いているようにしたい、といったことです。

　一方で現在の状態（observed stateまたはcurrent state）とは、システムのその時の状態です。例えば、kuardというPodが2つだけ動いている、といったことです。

　調整ループは、連続して動き続け、システムの現在の状態を観察し、システムの現在の状態が望ましい状態に一致するようにアクションを起こします。前の例で言えば、現在の状態がレプリカ3つを持つという望ましい状態に一致するように、kuardのPodを1つ作成することに当たります。

　状態を管理する方法としての調整ループには、たくさんの利点があります。調整ループは、本質的にゴール駆動型で、自己回復システムであり、しかもほとんどの場合数行のコードで表現できます。

　この利点の具体例として、ReplicaSetの調整ループは、1つのループでReplicaSetのスケールアップもスケールダウンも、さらにはノード障害やノードの復活も扱える点があります。

　この本でもこの後、調整ループの具体例がたくさん出てきます。

8.2　PodとReplicaSetの関連付け

　Kubernetesの考え方を貫いているテーマの1つに、分離があります。特に、

Kubernetes のあらゆるコア機能は、モジュール化され、他のコンポーネントと入れ替えたり置き換えたりできます。この考えに沿って、ReplicaSet と Pod の関係も疎結合になっています。ReplicaSet は Pod を作成して管理しますが、ReplicaSet が Pod を所有しているわけではありません。ReplicaSet は、管理すべき Pod の集まりを Label クエリによって識別します。その後、5 章で学んだのと全く同じ Pod API を使って、管理している Pod を作成します。この「正面玄関から入る」(ユーザが使うのと同じ API を使って管理する)というのは、Kubernetes において中心となるもう 1 つの考え方です。同じような疎結合の例として、複数の Pod を作った ReplicaSet と、その Pod にロードバランスする Service は、API オブジェクトで分離されており、完全に別であることが挙げられます。モジュール化に加え、Pod と ReplicaSet を疎結合にするのは、この後の節で取り上げる重要な振る舞いを実現するのに必要なことです。

8.2.1　既存のコンテナを養子に入れる

ソフトウェアの宣言的設定に価値があっても、命令的に何かを作ってしまう方が簡単なこともあるでしょう。ReplicaSet による管理をせずに、コンテナイメージから Pod を 1 つデプロイするだけのこともあります。しかし後になって、1 回限りのコンテナを複製し、同じようなコンテナの集まりを管理するように拡張することになるかもしれません。また、1 つの Pod に対してロードバランサ経由でトラフィックを流すようにする場合もあるでしょう。ReplicaSet が Pod を作成して所有までしてしまうと、Pod を増やすには ReplicaSet 自体を削除して作り直す必要があります。これでは、コンテナのコピーが存在しない時間が発生してしまうので、サービスの停止が必要になります。しかし、ReplicaSet と Pod は疎結合なので、ReplicaSet を作成し、そこに既存の Pod を「養子に入れる」ことで、そのコンテナのコピーをスケールアウトできます。この方法だと、命令的に作った 1 つの Pod から、ReplicaSet が管理する Pod の集まりに移行できます。

8.2.2　コンテナの検疫

サーバの動きがおかしくなった時には、Pod レベルでのヘルスチェックによって、Pod は自動的に再起動されます。しかし、ヘルスチェックが不十分だと、Pod の動きがおかしくなっても ReplicaSet の一部として動き続けてしまう場合がありま

す。このような場合、Pod自体を単純に停止できても、問題切り分けに使える情報がログのみになってしまいます。この時、不具合のあるPodのLabelだけを変更し、ReplicaSet（とService）からPodを切り離すと、Podのデバッグができます。ReplicaSetコントローラは、Podがなくなったと判断して新しいコピーを作りますが、不具合のあるPodは起動したままなので、ログだけを見るよりも切り分けがやりやすくなります。

8.3　ReplicaSetを使ったデザイン

ReplicaSetは、スケーラブルな単一のマイクロサービスを表現する方法としてデザインされています。ReplicaSetの鍵となる特徴は、ReplicaSetコントローラが作った各Podは完全に同じであることです。通常、複数のPodにトラフィックを分散するため、これらのPodはKubernetes Serviceのロードバランサと組み合わせます。一般的には、ReplicaSetはステートレス（あるいはほとんどステートレス）なサービスです。つまり、ReplicaSetがスケールダウンしたり、任意のPodを削除する際には、ReplicaSetが作成した要素は交換可能です。また、スケールダウンのような操作を行っても、アプリケーションの動作には影響はないはずです。

8.4　ReplicaSetの定義

他のKubernetesの機能と同じように、ReplicaSetも宣言的設定を記述して定義します。ReplicaSetの定義には、一意な名前を書いた`metadata.name`フィールドと、specセクションが必要です。specセクションには、クラスタ内で同時に動いているべきPod（レプリカ）の数と、レプリカの数が合わない時に作成するべきPodのPodテンプレートを記述します。例8-1は、ReplicaSetの最小限の定義例です[†1]。

例8-1　kuard-rs.yaml

```
apiVersion: extensions/v1beta1
kind: ReplicaSet
metadata:
```

[†1] 訳注：例8-1では apiVersion が extensions/v1beta1 となっていますが、これは原著の執筆時点の最新である1.6で有効な値です。過去のAPIバージョンはすぐには廃止されませんが、最新APIバージョンは1.8では apps/v1beta2 (https://v1-8.docs.kubernetes.io/docs/api-reference/v1.8/#replicaset-v1beta2-apps)、1.9では apps/v1 (https://v1-9.docs.kubernetes.io/docs/reference/generated/kubernetes-api/v1.9/#replicaset-v1-apps) に変わっています。

```
    name: kuard
spec:
  replicas: 1
  template:
    metadata:
      labels:
        app: kuard
        version: "2"
    spec:
      containers:
        - name: kuard
          image: "gcr.io/kuar-demo/kuard-amd64:2"
```

8.4.1　Pod テンプレート

　前述のように、現在の状態の Pod の数が、望ましい状態の Pod の数よりも少ない場合、ReplicaSet コントローラは新しい Pod を作成します。Pod は、ReplicaSet の定義内に書かれた Pod テンプレートを使って作成されます。この時 Pod は、7 章で見たのと同じように YAML ファイルに書かれたものを使用した場合と全く同じように作成されます。しかし Kubernetes の ReplicaSet コントローラは、ファイルを使う代わりに Pod テンプレートを元にした Pod マニフェストを、API サーバに直接送ります。次は、ReplicaSet 内の Pod テンプレートの一例です。

```
template:
  metadata:
    labels:
      app: helloworld
      version: v1
  spec:
    containers:
      - name: helloworld
        image: kelseyhightower/helloworld:v1
        ports:
          - containerPort: 80
```

8.4.2 Label

それなりの大きさのクラスタなら、複数の異なる Pod がクラスタ内で同時に動作することになります。では、その時 ReplicaSet の調整ループは、その ReplicaSet に対応する Pod の集まりをどのように見つけるのでしょうか。ReplicaSet は、Pod の Label を使ってクラスタの状態を監視します。Pod の一覧をフィルタリングし、クラスタ内で動作する Pod を追跡するのに Label を使用します。クエリにマッチする Pod の数を元にして、望ましい Pod の数が動作するように、ReplicaSet は Pod を削除したり作成したりします。フィルタリングに使用する Label は、ReplicaSet の spec セクションに定義され、これを見ると ReplicaSet がどのように動作するのか理解できます。

ReplicaSet に定義される Label セレクタは、Pod テンプレート内の Label のサブセットである必要があります。

8.5 ReplicaSet の作成

ReplicaSet オブジェクトを Kubernetes API に送信すると、ReplicaSet を作成できます。この節では、設定ファイルと kubectl apply コマンドを使って ReplicaSet を作ってみます。

例8-1の ReplicaSet 設定ファイルは、 gcr.io/kuar-demo/kuard-amd64:2 のコピーが1つ動くようにするものです。

kuard という ReplicaSet を Kubernetes API に送信するため、次のように kubectl apply コマンドを実行して下さい。

```
$ kubectl apply -f kuard-rs.yaml
replicaset "kuard" created
```

ReplicaSet kuard の設定を受信すると、ReplicaSet コントローラは、望んだ状態に一致するような Pod kuard が存在していないことを検知して、Pod テンプレートの設定に従って新しい Pod kuard を作成します。

```
$ kubectl get pods
NAME            READY   STATUS    RESTARTS   AGE
kuard-yvzgd     1/1     Running   0          11s
```

8.6 ReplicaSetの調査

Podや他のKubernetes APIオブジェクトと同じように、ReplicaSetの状態など詳しい情報を得るのに便利なのがdescribeコマンドです。次は、前に作成したReplicaSetの詳細を表示するdescribeコマンドの出力例です。

```
$ kubectl describe rs kuard
Name:           kuard
Namespace:      default
Image(s):       kuard:1.9.15
Selector:       app=kuard,version=2
Labels:         app=kuard,version=2
Replicas:       1 current / 1 desired
Pods Status:    1 Running / 0 Waiting / 0 Succeeded / 0 Failed
No volumes.
```

上記のように、ReplicaSetのLabelセレクタや、ReplicaSetに管理されているレプリカの状態が確認できます。

8.6.1 PodからのReplicaSetの特定

PodがReplicaSetに管理されているのかどうか、管理されているならどのReplicaSetに管理されているのかを知りたい場合があります。

このような情報を知るため、ReplicaSetコントローラは、作成した各PodにAnnotationを追加します。このAnnotationのキーは、kubernetes.io/created-byです[†2]。次のコマンドを実行し、annotationsセクションにkubernetes.io/created-byがあるものを見つけて下さい。

[†2] 訳注：原著の執筆時点（1.6）では、Podを作成したReplicaSetを確認するためにkubernetes.io/created-byを使用できましたが、このAnnotationは1.8でdeprecatedになりました（https://github.com/kubernetes/kubernetes/blob/release-1.8/CHANGELOG-1.8.md#apps）。さらにその後リリースされた1.9でこのAnnotationの情報はオブジェクトの作成時にも更新されなくなりました（https://github.com/kubernetes/kubernetes/blob/release-1.9/CHANGELOG-1.9.md#apps-1）。この代わりに、Podのmetadata.ownerReferencesに入っているReplicaSetの情報を参照して下さい。

```
$ kubectl get pods <Pod 名> -o yaml
```

該当する Pod が存在する場合、この Pod を管理している ReplicaSet の名前も表示されます。この時に使われる Annotation は、ReplicaSet が Pod を作る時に作成されますが、Kubernetes ユーザはいつでもこれを削除できてしまうので、ベストエフォートなものであることを覚えておいて下さい。

8.6.2　ReplicaSet に対応する Pod の集合の特定

ReplicaSet に管理されている Pod の集合も確認できます。まず、kubectl describe コマンドで、Label の集合を取得します。前の例では Label セレクタは app=kuard, version=2 でした。このセレクタに一致する Pod を見つけるには、次のように --selector フラグあるいはその短縮系の -l を使います。

```
$ kubectl get pods -l app=kuard,version=2
```

これは、ReplicaSet が Pod の数を取得する際に実行するのと全く同じクエリです。

8.7　ReplicaSet のスケール

Kubernetes 上に保存されている ReplicaSet オブジェクトの spec.replicas キーを更新することで、ReplicaSet のスケールアップやスケールダウンができます。ReplicaSet をスケールアップする際には、ReplicaSet で定義された Pod テンプレートを使って、新しい Pod の情報が Kubernetes API に送られます。

8.7.1　kubectl scale を使った命令的スケール

ReplicaSet のスケールを行うには、kubectl の scale コマンドを使うのがいちばん簡単です。例えば、4 つのレプリカを持つようにスケールアップするなら、次のコマンドを実行します。

```
$ kubectl scale replicasets kuard --replicas=4
```

このような命令的なコマンドは、デモや緊急事態の対処（急な負荷高騰への対応な

ど）には便利ですが、命令的なscaleコマンドで設定したレプリカの数を、テキストの設定ファイルに書かれた数と一致させるのを忘れないようにしましょう。次のような例を考えれば、これがいかに重要なことか分かります。

> アリスがオンコール担当の時、管理しているサービスの負荷が突然高騰しました。アリスは、リクエストに応答するサーバの数をscaleコマンドで10に増やして、問題を解決しました。ところがアリスは、バージョン管理システムに登録されたReplicaSetの設定ファイルを更新するのを忘れてしまいました。その数日後、ボブは週次リリースの準備をしていました。新しいコンテナイメージを使うために、ボブはバージョン管理システム上のReplicaSetの設定ファイルを編集していましたが、ファイル内のレプリカの数が、負荷高騰の対応のためにアリスが増やした後の10ではなく、5のままになっていたのに気づきませんでした。ボブはリリース作業を続けて、コンテナイメージが更新され、さらにレプリカの数は10から半分の5に減ってしまいました。そして、システムはすぐに過負荷になり、障害が発生してしまいました。

この話には、命令的な変更を行ったら、バージョン管理システム上の宣言的設定もすぐに変更する必要性が書かれています。ここまで重大な問題を引き起こさないとしても、通常は、次の節にある宣言的設定を変更する手順でのスケールを推奨します。

8.7.2 kubectl apply を使った宣言的スケール

宣言的設定を使う場合、バージョン管理システム上の設定ファイルを変更し、その設定をクラスタに適用します。ReplicaSet kuardをスケールするには、kuard-rs.yamlを編集して、replicasの数を3に変更します。

```
...
spec:
  replicas: 3
...
```

ユーザが複数いるなら、この変更に対して、手順化されたコードレビューを行ったり、バージョン管理システムに変更を登録するのにチェックしたい場合もあるでしょ

う。その後、kubectl apply コマンドを使用して、更新された ReplicaSet kuard の設定を API サーバに送信します。

```
$ kubectl apply -f kuard-rs.yaml
replicaset "kuard" configured
```

これで、ReplicaSet kuard の設定が登録されるので、望ましい Pod の数が変更されたことと、望ましい状態を実現するのに何らかの処理が必要なことを、ReplicaSet コントローラが検知します。前の節にあった命令的な scale コマンドを実行済みなら、この時点で ReplicaSet コントローラは Pod を 1 つ削除して、Pod は全部で 3 つになります。scale コマンドを実行しておらず Pod が 1 つしかない場合、ReplicaSet kuard の Pod テンプレートの定義に従って、2 つの新しい Pod の設定が Kubernetes API に送られます。いずれにしても、kubectl get pods コマンドで、kuard の Pod の一覧が表示できます。出力は次のようになります。

```
$ kubectl get pods
NAME            READY  STATUS   RESTARTS  AGE
kuard-3a2sb     1/1    Running  0         26s
kuard-wuq9v     1/1    Running  0         26s
kuard-yvzgd     1/1    Running  0         2m
```

8.7.3　ReplicaSet のオートスケール

ReplicaSet 内のレプリカ数を明示的に制御する必要があるケースがある一方で、「十分な数」のレプリカがあればよいというケースもあるでしょう。十分な数の定義は、ReplicaSet のコンテナのニーズによって変わります。例えば、nginx のような Web サーバでは、CPU 使用率でスケールすることになります。インメモリキャッシュでは、メモリ使用量でスケールすることになるでしょう。あるいは、アプリケーションの何らかのメトリクスに対応してスケールする可能性もあります。Kubernetes では、これらのスケーリングを、**水平 Pod オートスケーリング**（horizontal pod autoscaling, HPA）という仕組みで実現できます。

HPAを使うには、heapsterというPodがクラスタ内に存在している必要があります。heapsterは、メトリクスを追跡し、HPAがスケーリングの判断を行う時に使用するメトリクスを取得するAPIを提供します。Kubernetesのほとんどの環境では、heapsterはデフォルトで作られます。heapsterが存在しているか確認するには、Namespace kube-systemのPodを一覧表示します。

```
$ kubectl get pods --namespace=kube-system
```

一覧の中に、heapsterという名前のPodがあるはずです。存在していないと、HPAは正常に動作しません。

「水平Podオートスケール」とは何やら長い言葉で、なぜ単に「オートスケール」ではないのかと思うかもしれません。Kubernetesでは、Podのレプリカを追加で作成することを指す**水平スケール**と、あるPodに必要なリソースを増やすことを指す**垂直スケール**を明確に区別していて、それがこの名前の理由です。垂直スケールはまだKubernetesでは実装されていませんが、将来的に実装される計画があります。また、リソースの需要に応じてクラスタ内のマシンの数をスケールさせる、**クラスタスケール**の仕組みもありますが、ここではそれについては触れません。

CPU使用率を元にしたオートスケール

CPU使用率を元にしたスケールは、Podのオートスケールのパターンとして最もよく使われます。メモリ使用量が比較的一定している一方で、リクエスト数に比例してCPU使用率が増えるシステムに適した方法です。

ReplicaSetをスケールするには、次のようなコマンドを実行します。

```
$ kubectl autoscale rs kuard --min=2 --max=5 --cpu-percent=80
```

このコマンドは、CPU使用率80%を閾値にして、レプリカ数2から5の間でスケールするオートスケーラを作成します。このリソースの確認、編集、削除は、kubectlコマンドとhorizontalpodautoscalersリソースを使って行います。horizontalpodautoscalersは少々長いので、hpaと略すことも可能です。

```
$ kubectl get hpa
```

Kubernetes の疎結合な仕組み上、水平 Pod オートスケーラと ReplicaSet に、明確な関連付けはありません。モジュール化と構成の上ではこれはよいことですが、アンチパターンもあります。具体的には、オートスケールと（命令的、宣言的問わず）レプリカ数の設定を組み合わせて使うことが挙げられます。ユーザとオートスケーラの両方がレプリカ数を変更しようとすると、ユーザの操作は失敗し、想定しない動作を引き起こす可能性が高くなります。

8.8 ReplicaSet の削除

ReplicaSet が必要なくなったら、kubectl delete コマンドで削除できます。デフォルトでは、その ReplicaSet が管理している Pod も一緒に削除されます。

```
$ kubectl delete rs kuard
replicaset "kuard" deleted
```

kubectl get pods コマンドを実行すると、ReplicaSet kuard が作成した Pod kuard もすべて削除されているのが分かります。

```
$ kubectl get pods
```

ReplicaSet が管理している Pod を削除したくない場合、--cascade フラグを false にして、Pod を残して ReplicaSet オブジェクトだけを削除するようにもできます。

```
$ kubectl delete rs kuard --cascade=false
```

8.9 まとめ

ReplicaSet から Pod を作成することで、自動フェイルオーバ機能を持った堅牢なアプリケーションを構築できます。また、スケーラブルで健全なデプロイパターンが実現できるので、アプリケーションのデプロイがスムーズになります。ReplicaSet は、数にかかわらずあらゆる Pod の管理に使用するべきです。Pod を使わず ReplicaSet を始めから使う人もいます。それなりの大きさのクラスタは複数の ReplicaSet から構成されることになるので、使えるところではどんどん使いましょう。

9章
DaemonSet

　ReplicaSet は、冗長化のためにレプリカを複数作り、サービス（例えば Web サーバ）を作る方法です。しかし、クラスタ内で Pod の複製を作る理由は、冗長化以外にもあります。クラスタ内の各ノードに Pod を1つずつ割り当てるのもその一例です。各ノードに Pod を割り当てる例としてよくあるのが、ある種のエージェントやデーモンを各ノードで動かしたいという場合です。これを実現する Kubernetes オブジェクトが、DaemonSet です。

　DaemonSet は、Kubernetes クラスタのノードの集まりで、Pod のコピーが動くようにする機能です。DaemonSet は、ログコレクタや監視エージェントなど、それぞれのノードで動く必要のあるシステムデーモンをデプロイするのに使います。DaemonSet は、長期間動かすつもりのサービスの Pod を作り、クラスタの望ましい状態と現在の状態を一致させる仕組みを提供するという点で、ReplicaSet と似たような機能を持っています。

　DaemonSet と ReplicaSet が似ていることを考えると、それぞれの使い分けが重要です。ReplicaSet は、ノードからアプリケーションを完全に分離して考え、どのノードでも複数のコピーを動かせる時に使います。DaemonSet は、クラスタ内のすべてあるいは一部のノードで、アプリケーションのコピーが1つだけ動くようにしたい時に使います。

　ReplicaSet を使う際、ノードへの割り当てを制限したり、Pod が同じノード上に配置されないようにパラメータを調整したりするのは、通常は推奨されません。各ノードに1つだけ Pod を配置したい時は、DaemonSet が正しい選択肢です。ユーザトラフィックを受け付けるために、同じサービスの複製を作りたい時は、ReplicaSet が正しい選択です。

9.1 DaemonSet スケジューラ

ノードセレクタを使って Label に一致するノードだけに割り当てを制限しない限り、DaemonSet は全ノードに Pod のコピーを1つ作成します。Pod の定義の nodeName フィールドの値に従って、DaemonSet は Pod の作成時にどのノードに Pod を作成するかを判断します。そのため、DaemonSet が作成した Pod は、Kubernetes スケジューラからは無視されます。

ReplicaSet と同じく DaemonSet も、望ましい状態（Pod が全ノードに存在していること）と現在の状態（ノードに Pod が存在しているかどうか）の違いをチェックする、調整ループによって管理されます。この仕組みによって DaemonSet は、存在しているべき Pod が存在していないノード上に Pod を作成します。

新しいノードがクラスタに追加された場合は、そのノードに Pod が存在していないことを DaemonSet コントローラが検知し、新しいノードに Pod を作成します。

> DaemonSet と ReplicaSet は、Kubernetes の分離アーキテクチャのよい実例です。ReplicaSet が Pod を所有し、Pod は ReplicaSet のサブリソースであるのがよいデザインに思えるかもしれません。また、DaemonSet に管理された Pod も、DaemonSet のサブリソースであるべきかもしれません。しかし、そういったカプセル化をしてしまうと、ReplicaSet 用と DaemonSet 用の2つの Pod 操作用ツールを作る必要があります。その代わり Kubernetes では分離アーキテクチャを使い、Pod は最上位のオブジェクトになっています。このため、ReplicaSet に管理された Pod を調査するのに使った各コマンド（`kubectl logs <ポッド名>` など）は、そのまま DaemonSet が作成した Pod にも使えるのです。

9.2 DaemonSet の作成

DaemonSet は、Kubernetes API サーバに DaemonSet の設定を送って作成します。例9-1の DaemonSet 設定は、クラスタ内の各ノードに `fluentd` ロギングエージェントの Pod を作成します[†1]。

[†1] 訳注：例9-1では apiVersion が extensions/v1beta1 となっていますが、これは原著の執筆時点の最新である 1.6 で有効な値です。過去の API バージョンはすぐには廃止されませんが、最新 API バージョンは 1.8 では apps/v1beta2 (https://v1-8.docs.kubernetes.io/docs/api-reference/v1.8/#daemonset-v1beta2-apps)、1.9 では apps/v1 (https://v1-9.docs.kubernetes.io/docs/reference/generated/kubernetes-api/v1.9/#daemonset-v1-apps) に変わっています。

例9-1　fluentd.yaml

```yaml
apiVersion: extensions/v1beta1
kind: DaemonSet
metadata:
  name: fluentd
  namespace: kube-system
  labels:
    app: fluentd
spec:
  template:
    metadata:
      labels:
        app: fluentd
    spec:
      containers:
      - name: fluentd
        image: fluent/fluentd:v0.14.10
        resources:
          limits:
            memory: 200Mi
          requests:
            cpu: 100m
            memory: 200Mi
        volumeMounts:
        - name: varlog
          mountPath: /var/log
        - name: varlibdockercontainers
          mountPath: /var/lib/docker/containers
          readOnly: true
      terminationGracePeriodSeconds: 30
      volumes:
      - name: varlog
        hostPath:
          path: /var/log
      - name: varlibdockercontainers
        hostPath:
          path: /var/lib/docker/containers
```

DaemonSet は、Kubernetes の Namespace 内の全 DaemonSet の中で一意な名前が付けられている必要があります。必要な Pod を作成するため、各 DaemonSet には Pod テンプレートを含んでいなければなりません。これも ReplicaSet と DaemonSet の似ている点です。ReplicaSet と違うのは、ノードセレクタを使わない限り、DaemonSet は全ノードに Pod を作ります。

正しい DaemonSet の設定を作成したら、DaemonSet を Kubernetes API に送るために kubectl apply コマンドを実行します。この節では、クラスタ内の各ノードで fluentd ロギングエージェントを動かす DaemonSet を作ります。

```
$ kubectl apply -f fluentd.yaml
daemonset "fluentd" created
```

fluentd の DaemonSet の設定が正常に Kubernetes API に送られたら、kubectl describe コマンドで現在のステータスを問い合わせられます。

```
$ kubectl describe daemonset fluentd --namespace=kube-system
Name:           fluentd
Image(s):       fluent/fluentd:v0.14.10
Selector:       app=fluentd
Node-Selector:  <none>
Labels:         app=fluentd
Desired Number of Nodes Scheduled: 3
Current Number of Nodes Scheduled: 3
Number of Nodes Misscheduled: 0
Pods Status:    3 Running / 0 Waiting / 0 Succeeded / 0 Failed
```

出力が上のようになっていれば、クラスタ内の全ノードに Pod fluentd が正常にデプロイされています。kubectl get pods コマンドに -o フラグを付けて fluentd の Pod が割り当てられたノードを表示し、正常にデプロイされたことを確認してみましょう。

```
$ kubectl get pods -o wide
NAME           AGE   NODE
fluentd-1q6c6  13m   k0-default-pool-35609c18-z7tb
```

```
fluentd-mwi7h    13m   k0-default-pool-35609c18-ydae
fluentd-zr6l7    13m   k0-default-pool-35609c18-pol3
```

DaemonSet fluentd の準備ができたら、クラスタに新しいノードを追加して、そのノードに Pod fluentd が自動的にデプロイされるのを見てみましょう。

```
$ kubectl get pods -o wide
NAME             AGE   NODE
fluentd-1q6c6    13m   k0-default-pool-35609c18-z7tb
fluentd-mwi7h    13m   k0-default-pool-35609c18-ydae
fluentd-oipmq    43s   k0-default-pool-35609c18-0xnl
fluentd-zr6l7    13m   k0-default-pool-35609c18-pol3
```

この動作は、まさにロギングデーモンやその他のクラスタ全体で使用するサービスを管理するのに必要な仕組みです。ユーザは、Pod を増やすのに何のアクションも必要ありません。Kubernetes の DaemonSet コントローラが、現在の状態を望ましい状態に合わせるよう動作します。

9.3 特定ノードに対する DaemonSet の割り当ての制限

Kubernetes クラスタの全ノードで Pod を動かすのが、DaemonSet のいちばんよくあるユースケースです。しかし、特定のノードの集合だけに Pod をデプロイしたい場合もあるでしょう。例えば、クラスタ内の特定のノードにしか接続されていない GPU や高速なストレージを使用するワークロードがある場合などです。このような場合、そのワークロードにふさわしいノードにタグ付けする方法として、ノードに対する Label を使用します。

9.3.1 ノードへの Label の追加

DaemonSet の割り当てを特定のノードに制限するには、まず最初にノードの集まりに Label を付けます。kubectl label コマンドで Label を付けられます。

次は、あるノードに ssd=true という Label を付ける例です。

```
$ kubectl label nodes k0-default-pool-35609c18-z7tb ssd=true
node "k0-default-pool-35609c18-z7tb" labeled
```

他の Kubernetes リソースと同じように、Label セレクタを付けずにノードの一覧を取得するコマンドを実行すると、クラスタ内の全ノードが表示されます。

```
$ kubectl get nodes
NAME                              STATUS   AGE
k0-default-pool-35609c18-0xnl     Ready    23m
k0-default-pool-35609c18-pol3     Ready    1d
k0-default-pool-35609c18-ydae     Ready    1d
k0-default-pool-35609c18-z7tb     Ready    1d
```

Label セレクタを使うと、Label に従ってノードをフィルタリングできます。ssd という Label が true のノードだけを一覧表示するには、kubectl get nodes コマンドに --selector フラグを付けて実行します。

```
$ kubectl get nodes --selector ssd=true
NAME                              STATUS   AGE
k0-default-pool-35609c18-z7tb     Ready    1d
```

9.3.2 ノードセレクタ

Pod が動くノードを制限するには、ノードセレクタを使用します。ノードセレクタは、DaemonSet を作成する際に Pod の設定の一部として定義します。例9-2の DaemonSet 設定は、nginx が ssd=true という Label が付いたノードだけで動くように制限する例です[†2]。

例9-2 nginx-fast-storage.yaml

```
apiVersion: extensions/v1beta1
kind: "DaemonSet"
metadata:
  labels:
    app: nginx
    ssd: "true"
```

[†2] 訳注:例9-1と同じく、新しいバージョンでは apiVersion の最新の値が変わっています。

```
    name: nginx-fast-storage
spec:
  template:
    metadata:
      labels:
        app: nginx
        ssd: "true"
    spec:
      nodeSelector:
        ssd: "true"
      containers:
        - name: nginx
          image: nginx:1.10.0
```

この DaemonSet nginx-fast-storage を Kubernetes API に送るとどうなるか見てみましょう。

```
$ kubectl apply -f nginx-fast-storage.yaml
daemonset "nginx-fast-storage" created
```

ssd=true の Label が付いたノードは 1 台しかないので、Pod nginx-fast-storage はそのノードでしか動きません。

```
$ kubectl get pods -o wide
NAME                         STATUS    NODE
nginx-fast-storage-7b9Ot     Running   k0-default-pool-35609c18-z7tb
```

他のノードに ssd=true の Label を付けると、Pod nginx-fast-storage は、そのノードにもデプロイされるようになります。逆にノードから Label が削除されると、その Pod は DaemonSet コントローラから削除されます。

DaemonSet のノードセレクタに指定されている Label がノードから削除されると、DaemonSet に管理されている Pod はそのノードから削除されます。

9.4 DaemonSetの更新

DaemonSet は、クラスタ全体で使用するサービスをデプロイするのに便利な方法ですが、アップグレードする場合はどうでしょうか。Kubernetes 1.6 より前は、DaemonSet で管理している Pod を更新する唯一の方法は、DaemonSet 自体をアップデートし、その DaemonSet が管理している Pod を削除して、Pod が再作成されるようにすることでした。Kubernetes 1.6 から、クラスタ内で DaemonSet のロールアウトを管理する Deployment オブジェクトと同等の仕組みが DaemonSet にも備えられました。

9.4.1 個別のPodの削除によるDaemonSetの更新

1.6 より前の Kubernetes を使用している場合、次の例のように、DaemonSet の Pod を 60 秒ごとに削除する for ループを使用して、DaemonSet が管理する Pod を順番に削除できます。

```
PODS=$(kubectl get pods -o jsonpath -template='{.items[*].metadata.name}')
for x in $PODS; do
  kubectl delete pods ${x}
  sleep 60
done
```

より簡単なのは、DaemonSet 自体を削除してしまい、新しい DaemonSet を新しい設定で作成することです。しかし、この方法にはダウンタイムが避けられないという問題があります。DaemonSet を削除すると、その DaemonSet が管理している Pod もすべて削除されます。コンテナイメージのサイズによっては、DaemonSet の再作成は SLA を越えて停止時間が長くなる可能性があるので、DaemonSet をアップデートする前に、更新済みのコンテナイメージをクラスタ内で展開しておく必要があるかもしれません。

9.4.2 DaemonSetのローリングアップデート

Kubernetes 1.6 では、Deployment が使うのと同じローリングアップデートを使って DaemonSet をアップデートできるようになりました。しかし、後方互換性を保つため、前の節で説明したような delete メソッドが現在のデフォルト設

定になっています[†3]。DaemonSet の更新にローリングアップデート戦略を使うには、spec.updateStrategy.type フィールドを RollingUpdate に変更する必要があります。DaemonSet のアップデート戦略を RollingUpdate に設定すると、DaemonSet の spec.template フィールド（とそのサブフィールド）に対する変更があった時に、ローリングアップデートが開始されます。

Deployment のローリングアップグレード（12 章を参照）と同じように、ローリングアップデート戦略は、すべての Pod が新しい設定で動くまで、DaemonSet のメンバーの Pod を徐々に更新します。DaemonSet のローリングアップデートを制御するパラメータが、次の 2 つあります。

spec.minReadySeconds
　ローリングアップデートが次の Pod の更新に移る前に、Pod が使用可能な状態になるまでの時間です。

spec.updateStrategy.rollingUpdate.maxUnavailable
　ローリングアップデートの際に同時に更新される Pod の数です。

Pod が確実に使用可能になってから次のノードのアップデートに進むため、spec.minReadySeconds の値は、30 秒から 60 秒と言った合理的な範囲で長い値にすることになるはずです。

spec.updateStrategy.rollingUpdate.maxUnavailable は、よりアプリケーションに依存する可能性の高い設定です。1 に設定すると安全で汎用的ですが、ロールアウトが終わるまで時間がかかります（ノード数 × maxReadySeconds 秒が必要）。この値を増やすと、ロールアウトは早く終わりますが、ロールアウトが失敗した時の影響範囲も大きくなります。アプリケーションとクラスタの特性が、スピードと安全の関係性を決めます。maxUnavailable は 1 に設定し、ユーザや管理者が DaemonSet のロールアウトのスピードに不満を漏らした時だけ、値を大きくしていく方法がおすすめです。

ローリングアップデートが始まったら、kubectl rollout コマンドで DaemonSet のロールアウトの現状確認が可能です。

例えば、kubectl rollout status daemonSets my-daemon-set で、my-daemon-set とい

[†3] 訳注：1.7 までの最新の apiVersion である extensions/v1beta1 では、spec.updateStrategy.type のデフォルトは delete でした。1.8 からの apps/v1beta2、1.9 からの apps/v1 では、RollingUpdate がデフォルト（https://github.com/kubernetes/kubernetes/blob/master/CHANGELOG-1.8.md#defaults）になっています。

う名前の DaemonSet のロールアウトのステータスが見られます。

9.5　DaemonSet の削除

DaemonSet は、`kubectl delete` コマンドで削除できます。削除したい DaemonSet の名前、あるいは作成・更新時に使用したマニフェストを正しく指定して実行しましょう。

```
$ kubectl delete -f fluentd.yaml
```

DaemonSet を削除すると、その DaemonSet が管理している Pod もすべて削除されます。`--cascade` フラグを `false` にすると、Pod は削除せずに DaemonSet だけを削除します。

9.6　まとめ

　DaemonSet は、Kubernetes クラスタの全ノード、あるいは特定のノードの集合で Pod を動かすための、手軽な抽象化の仕組みです。DaemonSet は、クラスタ内の正しいノードで、監視エージェントのような重要なサービスが動き続けるよう、独自のコントローラとスケジューラを持っています。

　アプリケーションによっては、単に一定数のレプリカがあればいいという場合もあるでしょう。つまり、十分な計算資源が割り当てられ、信頼性を保った運用ができるよう分散されているなら、そのレプリカがどこで動いているかは気にしない、という場合です。しかし、エージェントや監視アプリケーションのように、正常に動作するにはクラスタ内の全ノードに配置されている必要があるアプリケーションもあります。この点では DaemonSet は、古くから存在している仕組みというよりは、Kubernetes クラスタに新しい機能をもたらすものだと言えます。DaemonSet はコントローラによって管理される宣言的オブジェクトなので、各ノードに明示的にエージェントを割り当てる操作をしなくても、全ノードで動かすという意図を簡単に宣言できます。これは、ユーザの介入なしにノードが増えたり減ったりする、オートスケールする Kubernetes クラスタでは特に便利な特徴です。オートスケーラによってノードが追加されたら、DaemonSet が自動的に正しいエージェントを各ノードに割り当ててくれる仕組みがあるためです。

10章
Job

ここまでは、データベースやWebアプリケーションといった、長期間動き続けるプロセスに焦点を当てて見てきました。こういったワークロードは、アップグレードするか不要になるその時点まで動き続けます。Kubernetesクラスタ上のワークロードの多くは、こういった長期間動き続けるプロセスですが、1回限りの短い時間しか動かさない処理もあります。Jobオブジェクトは、そのような短時間だけ動かすタスクを扱うものです。

通常のPodは戻り値に関係なく動き続けますが、Jobは、処理が正常終了する（戻り値0での終了など）まで動くPodを作成します。Jobは、データベースマイグレーションやバッチ処理など、1度しか動かさない処理を実行するのに便利です。1度限りの処理に通常のPodを使うと、データベースマイグレーションタスクがループし、データベースに同じ処理を何度も行うことになってしまいます。

この章では、Kubernetesで実行できる一般的なJobのパターンを見ていきます。また、それらのパターンを実際のシナリオに当てはめて考えます。

10.1 Jobオブジェクト

Jobオブジェクトは、Jobの設定に書かれたテンプレートで定義されたPodの作成や管理を行います。これらのPodは、処理が成功するまで動き続けます。Jobオブジェクトは、複数のPodを並列に動かすための調整も行います。

処理が完了する前に失敗した場合、JobコントローラはJobの設定内のPodテンプレートを元に、新しいPodを作成します。Podは必ずどこかのノードに割り当てられる必要があるので、必要なリソースをスケジューラが見つけられない場合、すぐにJobが実行されない可能性もあります。また、分散システムの性質上、障害の発

生時には、同じタスクを実行する Pod が複数作られることもあり得ます。

10.2 Job のパターン

　Job は、1つあるいは複数の Pod で処理されるタスクから構成されるバッチ的なワークロードを管理するためにデザインされています。デフォルトでは、Job は1つの Pod だけで動きます。Job の完了数と、並列で動作可能な Pod の数という、2つの属性で Job のパターンを定義します。「1回成功するまで実行」というパターンでは、completions と parallelism というパラメータの両方が1になります。

　表10-1は、Job 設定の completions と parallelism の各パラメータの組み合わせを表したものです。

表10-1　Job のパターン

パターン	使用例	動作	completions	parallelism
1回限り	データベースマイグレーション	1つの Pod が処理	1	1
一定数成功するまで並列実行	複数の Pod でタスクの集まりを並列処理	指定回数成功するまで1つ以上の Pod が複数回処理	1以上	1以上
並列実行キュー	集約されたキューに入れられたタスクを複数の Pod で処理	1回成功するまで1つ以上の Pod が処理	1	2以上

10.2.1　1回限り

　1回限りの Job は、成功するまでの間、1つの Pod を実行します。これは一見簡単そうですが、実現するには工夫が必要です。まず、Kubernetes API に設定を送って、Pod を作成します。この時、Job の設定に含まれる Pod テンプレートを使います。Job が動き始めたら、Job の管理下にある Pod に対して、処理が成功したか監視する必要があります。Job は、アプリケーションエラーや実行時の例外などさまざまな理由で失敗する可能性があります。どの場合も、処理が成功するまで、Job コントローラが Pod を作り直します。

　Kubernetes で1回限りの Job を作成するには複数の方法があります。最も簡単なのは、次のように kubectl を使う方法です。

```
$ kubectl run -i oneshot \
  --image=gcr.io/kuar-demo/kuard-amd64:1 \
  --restart=OnFailure \
  -- --keygen-enable \
     --keygen-exit-on-complete \
     --keygen-num-to-gen 10
(ID 0) Workload starting
(ID 0 1/10) Item done: SHA256:nAsUsG54XoKRkJwyN+OShkUPKew3mwq7OCc
(ID 0 2/10) Item done: SHA256:HVKX1ANns6SgF/er1lyo+ZCdnB8geFGt0/8
(ID 0 3/10) Item done: SHA256:irjCLRov3mTT0POJfsvUyhKRQ1TdGR8H1jg
(ID 0 4/10) Item done: SHA256:nbQAIVY/yrhmEGk3Ui2sAHuxb/o6mYOoqRk
(ID 0 5/10) Item done: SHA256:CCpBoXNlXOMQvR2v38yqimXGAa/w2Tym+aI
(ID 0 6/10) Item done: SHA256:wEY2TTIDz4ATjcr1iimxavCzZzNjRmbOQp8
(ID 0 7/10) Item done: SHA256:t3JSrCt7sQweBgqG5CrbMoBulwk4lfDWiTI
(ID 0 8/10) Item done: SHA256:E84/Vze7KKyjCh9OZhO2MkXJGoty9PhaCec
(ID 0 9/10) Item done: SHA256:UOmYex79qqbI1MhcIfG4hDnGKonlsij2k3s
(ID 0 10/10) Item done: SHA256:WCR8wIGOFag84Bsa8f/9QHuKqF+OmEnCADY
(ID 0) Workload exiting
```

いくつか注意点があります。

- kubectl の -i オプションは、このコマンドが対話モードであることを表します。kubectl は Job が動き始めるまで待ち、Job 内の最初の Pod のログを表示します。

- --restart=OnFailure は、kubectl に Job オブジェクトを作成するよう指示するオプションです。

- -- の後に続くオプションは、コンテナイメージに対するコマンドライン引数です。この例では、4096 ビットの SSH 鍵を 10 個作成し、その後終了するようテストサーバ (kuard) に指示しています。

- 手許でコマンドを実行した場合、出力は全く同じにはなりません。kubectl は、-i オプションを付けた時に出力される内容の最初の数行を表示しないことがあります。

Jobが完了しても、Jobオブジェクトとそれに関連するPodは残ります。これは、ログ出力を確認できるようにするためです。ただし、kubectl get podsコマンドの実行結果にこのJobのPodはもう表示されません。-aフラグを付けると、完了したJobのPodも含めた全Podが表示されます。Jobを削除するには、次のコマンドを実行します。

```
$ kubectl delete jobs oneshot
```

1回限りのJobを作るには、例10-1にあるような設定ファイルも使用できます。

例10-1　job-oneshot.yaml
```
apiVersion: batch/v1
kind: Job
metadata:
  name: oneshot
  labels:
    chapter: jobs
spec:
  template:
    metadata:
      labels:
        chapter: jobs
    spec:
      containers:
      - name: kuard
        image: gcr.io/kuar-demo/kuard-amd64:1
        imagePullPolicy: Always
        args:
        - "--keygen-enable"
        - "--keygen-exit-on-complete"
        - "--keygen-num-to-gen=10"
      restartPolicy: OnFailure
```

ファイルを作成したら、kubectl applyコマンドでJobを作成します。

```
$ kubectl apply -f job-oneshot.yaml
job "oneshot" created
```

describe で Job oneshot を表示できます。

```
$ kubectl describe jobs oneshot
Name:             oneshot
Namespace:        default
Image(s):         gcr.io/kuar-demo/kuard-amd64:1
Selector:         controller-uid=cf87484b-e664-11e6-8222-42010a8a007b
Parallelism:      1
Completions:      1
Start Time:       Sun, 29 Jan 2017 12:52:13 -0800
Labels:           Job=oneshot
Pods Statuses:    0 Running / 1 Succeeded / 0 Failed
No volumes.
Events:
... Reason            Message
... ------            -------
... SuccessfulCreate  Created pod: oneshot-4kfdt
```

作成された Pod のログを見ると、Job の結果を確認できます。

```
$ kubectl logs oneshot-4kfdt
...
Serving on :8080
(ID 0) Workload starting
(ID 0 1/10) Item done: SHA256:+r6b4W81DbEjxMcD3LHjU+EIGnLEzbpxITKn8IqhkPI
(ID 0 2/10) Item done: SHA256:mzHewajaY1KA8VluSLOnNMk9fDE5zdn7vvBS5Ne8AxM
(ID 0 3/10) Item done: SHA256:TRtEQHfflJmwkqnNyGgQm/IvXNykSBIg8cO3hOg3onE
(ID 0 4/10) Item done: SHA256:tSwPYH/J347il/mgqTxRRdeZcOazEtgZlA8A3/HWbro
(ID 0 5/10) Item done: SHA256:IP8XtguJ6GbWwLHqjKecVfdS96B17nnO21I/TNc1j9k
(ID 0 6/10) Item done: SHA256:ZfNxdQvuST/6ZzEVkyxdRG98p73c/5TM99SEbPeRWfc
(ID 0 7/10) Item done: SHA256:tH+CNl/IUl/HUuKdMsq2XEmDQ8oAvmhMO6Iwj8ZEOjo
(ID 0 8/10) Item done: SHA256:3GfsUaALVEHQcGNLBOu4Qd1zqqqJ8j738i5r+I5XwVI
(ID 0 9/10) Item done: SHA256:5wV4L/xEiHSJXwLUT2fHfOSCKM2g3XH3sVtNbgskCXw
(ID 0 10/10) Item done: SHA256:bPqqOonwSbjzLqe9ZuVRmZkz+DBjaNTZ9HwmQhbdWLI
(ID 0) Workload exiting
```

おめでとう、これで Job が正常に動きました。

Job オブジェクトを作成する時に、Label を全く指定していないことに気づいたかもしれません。Pod オブジェクトを識別するのに Label を使うコントローラ（DaemonSet、ReplicaSet、Deployment など）と同じように、Job から作成した Pod をオブジェクト間で使い回す場合、予期せぬ問題が発生する可能性があります。
Job は開始と終了が決まっているので、何度も同じものを作る可能性があります。そのため、それぞれに一意な Label を付けるのは難しくなります。これを解決するため、Jobオブジェクトは、自動的に一意な Label を生成し、それを Pod の識別に使います。Pod を削除せずに動作中の Job を切り替えるなど特殊なケースでは、この自動的な Label 生成を無効にして、ユーザが Label とセレクタを指定することも可能です。

Pod の障害

ここまで、Job が正常に処理を完了するまでの流れを確認しました。では、処理がうまくいかなかった場合はどうなるのでしょうか。処理が失敗した時の動きを見てみましょう。

例10-1の設定ファイルを変更して、鍵を3つ生成した時点で0以外の戻り値が返ってJob が失敗するようにして見ましょう。例10-2は、変更後の設定の抜粋です。

例10-2　job-oneshot-failure1.yaml

```
...
spec:
  template:
    spec:
      containers:
        ...
        args:
        - "--keygen-enable"
        - "--keygen-exit-on-complete"
        - "--keygen-exit-code=1"
        - "--keygen-num-to-gen=3"
...
```

kubectl apply -f job-oneshot-failure1.yaml コマンドで Job を起動してみましょう。起動して少し待ってから Pod のステータスを確認します。

```
$ kubectl get pods -a -l job-name=oneshot
NAME             READY   STATUS             RESTARTS   AGE
oneshot-3ddk0    0/1     CrashLoopBackOff   4          3m
```

コマンドの実行結果から、Podが4回再起動されたことが分かります。Kubernetesは、このPodがCrashLoopBackOffステータスだと認識しています。起動してすぐにクラッシュしてしまうバグは珍しくありません。この場合にKubernetesは、クラッシュの繰り返しによってノードのリソースが使われすぎないように、Podの再起動まで少し待ちます。この動作にはJobは一切関与せず、kubeletによってノード上だけで完結します。

kubectl delete jobs oneshot コマンドでJobを削除し、別の実験をしてみましょう。設定ファイルを開き、restartPolicyを OnFailure から Never に変更して、job-oneshot-failure2.yaml として保存します。その後、kubectl apply -f job-oneshot-failure2.yaml を実行してJobを起動します。

Jobの起動後、少し待ってから次のようにPodを確認すると、興味深いことが分かります。

```
$ kubectl get pods -l job-name=oneshot -a
NAME             READY   STATUS    RESTARTS   AGE
oneshot-0wm49    0/1     Error     0          1m
oneshot-6h9s2    0/1     Error     0          39s
oneshot-hkzw0    1/1     Running   0          6s
oneshot-k5swz    0/1     Error     0          28s
oneshot-m1rdw    0/1     Error     0          19s
oneshot-x157b    0/1     Error     0          57s
```

複数のPodでエラーが発生しています。restartPolicy: Never を設定すると、kubeletはJob失敗時にPodを再起動せず、代わりにそのPodを失敗と宣言します。Jobオブジェクトがこれを検知すると、代わりのPodを作成します。このため、注意しておかないとクラスタ内にゴミが溜まってしまいます[†1]。したがって、Job実行に失敗したPodが再実行されるように、restartPolicy: OnFailure にしておくことを推

---

†1 訳注：1.8 からは、Jobが何回失敗したらPodを失敗とみなすかの回数を spec.backoffLimit に指定できる（https://v1-8.docs.kubernetes.io/docs/concepts/workloads/controllers/jobs-run-to-completion/#pod-backoff-failure-policy）ようになりました。デフォルトでは6に設定されています。

奨します。

最後に、kubectl delete jobs oneshotでJobを削除しましょう。

ここまで、0以外の戻り値でJobが失敗する様子を見ました。しかし、それ以外の理由で失敗する場合もあります。処理の途中で止まってしまい、それ以降動きがなくなってしまう場合も考えられます。このようなケースに対応するため、JobにもLiveness probeを使用できます。Liveness probeのポリシーによってPodが死んでいると判断された場合、Podは再起動あるいは再作成されます。

10.2.2　一定数成功するまで並列実行

鍵の生成は時間がかかります。生成を高速化するため、複数の処理を同時に実行してみましょう。completionsとparallelismの両パラメータを組み合わせます。ここでは、それぞれ鍵を10個作るkuardコンテナを10使用し、100個の鍵を生成するのがゴールです。ただし、クラスタを処理能力いっぱいまで使ってしまわないように、同時に5つまでしかPodを動かさないようにします。

これを実現するには、completionを10に、parallelismを5にします。設定は例10-3のようになります。

例10-3　job-parallel.yaml

```yaml
apiVersion: batch/v1
kind: Job
metadata:
  name: parallel
  labels:
    chapter: jobs
spec:
  parallelism: 5
  completions: 10
  template:
    metadata:
      labels:
        chapter: jobs
    spec:
      containers:
      - name: kuard
        image: gcr.io/kuar-demo/kuard-amd64:1
```

10.2 Jobのパターン

```
      imagePullPolicy: Always
      args:
      - "--keygen-enable"
      - "--keygen-exit-on-complete"
      - "--keygen-num-to-gen=10"
    restartPolicy: OnFailure
```

次のコマンドでJobを起動します。

```
$ kubectl apply -f job-parallel.yaml
job "parallel" created
```

それでは、Podの起動、処理の実行、終了までを見てみましょう。Podが10個できるまで新しいPodが作成されます。kubectlに--watchフラグを付けることで、Pod一覧が時と共に変更するのを確認できます。

```
$ kubectl get pods -w
NAME              READY  STATUS             RESTARTS  AGE
parallel-55tlv    1/1    Running            0         5s
parallel-5s7s9    1/1    Running            0         5s
parallel-jp7bj    1/1    Running            0         5s
parallel-lssmn    1/1    Running            0         5s
parallel-qxcxp    1/1    Running            0         5s

NAME              READY  STATUS             RESTARTS  AGE
parallel-jp7bj    0/1    Completed          0         26s
parallel-tzp9n    0/1    Pending            0         0s
parallel-tzp9n    0/1    Pending            0         0s
parallel-tzp9n    0/1    ContainerCreating  0         1s
parallel-tzp9n    1/1    Running            0         1s
parallel-tzp9n    0/1    Completed          0         48s
parallel-x1kmr    0/1    Pending            0         0s
parallel-x1kmr    0/1    Pending            0         0s
parallel-x1kmr    0/1    ContainerCreating  0         0s
parallel-x1kmr    1/1    Running            0         1s
parallel-5s7s9    0/1    Completed          0         1m
parallel-tprfj    0/1    Pending            0         0s
```

```
parallel-tprfj    0/1   Pending             0   0s
parallel-tprfj    0/1   ContainerCreating   0   0s
parallel-tprfj    1/1   Running             0   2s
parallel-x1kmr    0/1   Completed           0   52s
parallel-bgvz5    0/1   Pending             0   0s
parallel-bgvz5    0/1   Pending             0   0s
parallel-bgvz5    0/1   ContainerCreating   0   0s
parallel-bgvz5    1/1   Running             0   2s
parallel-qxcxp    0/1   Completed           0   2m
parallel-xplw2    0/1   Pending             0   1s
parallel-xplw2    0/1   Pending             0   1s
parallel-xplw2    0/1   ContainerCreating   0   1s
parallel-xplw2    1/1   Running             0   3s
parallel-bgvz5    0/1   Completed           0   40s
parallel-55tlv    0/1   Completed           0   2m
parallel-lssmn    0/1   Completed           0   2m
```

完了した Job のログを確認して、作成済みの鍵のフィンガープリントを見てみましょう。最後に、`kubectl delete job parallel` で Job オブジェクトを削除して下さい。

10.2.3 並列実行キュー

Job のよくある使い方として、キューに入れたタスクの処理があります。この場合、タスクは複数のサブタスクに分けられてキューに入れられます。Job は、キューが空になるまで、それぞれのサブタスクを処理します（図10-1）。

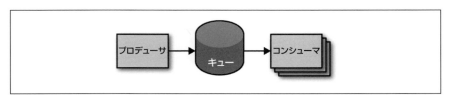

図10-1 並列 Job

キューを開始する

まずは、集約されたキューのサービスを起動しましょう。kuard には、メモリ上で動くシンプルなキューシステムが組み込まれています。処理の調整役として、

kuardのインスタンスを起動します。

1回限りのキューデーモンを管理するために、ReplicaSetを作成します。ノード障害時に新しいPodが作られるようにするため、ReplicaSetを使用します。設定は例10-4のとおりです[2]。

例10-4　rs-queue.yaml
```
apiVersion: extensions/v1beta1
kind: ReplicaSet
metadata:
  labels:
    app: work-queue
    component: queue
    chapter: jobs
  name: queue
spec:
  replicas: 1
  template:
    metadata:
      labels:
        app: work-queue
        component: queue
        chapter: jobs
    spec:
      containers:
      - name: queue
        image: "gcr.io/kuar-demo/kuard-amd64:1"
        imagePullPolicy: Always
```

次のコマンドで、キューを起動します。

```
$ kubectl apply -f rs-queue.yaml
```

この時点でキューが起動するので、キューに接続するためにポートフォワードを設定します。ターミナルで次のコマンドを実行します。

---

[2] 訳注：8章の例8-1と同じく、新しいバージョンではReplicaSetの apiVersion の最新の値が変わっています。

```
$ QUEUE_POD=$(kubectl get pods -l app=work-queue,component=queue \
  -o jsonpath='{.items[0].metadata.name}')
$ kubectl port-forward $QUEUE_POD 8080:8080
Forwarding from 127.0.0.1:8080 -> 8080
Forwarding from [::1]:8080 -> 8080
```

ブラウザで http://localhost:8080 を開くと、kuard のインタフェイスにアクセスできます。"MemQ Server" タブを開いて、どのように動作しているか見てみましょう。

キューが動作しているなら、Service としてポートを公開します。これによって、キューのプロデューサとコンシューマが DNS 経由でキューを使えるようになります。Service の設定は、例 10-5 のとおりです。

例 10-5　service-queue.yaml

```
apiVersion: v1
kind: Service
metadata:
  labels:
    app: work-queue
    component: queue
    chapter: jobs
  name: queue
spec:
  ports:
  - port: 8080
    protocol: TCP
    targetPort: 8080
  selector:
    app: work-queue
    component: queue
```

kubectl でキューの Service を作成します。

```
$ kubectl apply -f service-queue.yaml
service "queue" created
```

サブタスクをキューに入れる

これで、キューにサブタスクの集まりを入れる準備ができました。単純化のために、キューサーバのAPIへのアクセスや、サブタスクをキューに入れるのには、curlを使います。例10-6のように、前に起動した kubectl port-forward を通じて、curl がキューと通信します。

例10-6 load-queue.sh

```
# 'keygen' というキューを作成
curl -X PUT localhost:8080/memq/server/queues/keygen

# サブタスク (work item) を 100 個作ってキューに入れる
for i in work-item-{0..99}; do
  curl -X POST localhost:8080/memq/server/queues/keygen/enqueue \
    -d "$i"
done
```

このスクリプト内のコマンドを実行すると、それぞれ一意な識別子がついたサブタスクを含む100個のJSONオブジェクトが表示されるはずです。kuardの"MemQ Server"タブで、キューのステータスを確認できます。あるいは、次のように直接キューのAPIへの問い合わせも可能です。

```
$ curl 127.0.0.1:8080/memq/server/stats

{
  "kind": "stats",
  "queues": [
    {
      "depth": 100,
      "dequeued": 0,
      "drained": 0,
      "enqueued": 100,
      "name": "keygen"
    }
  ]
}
```

これで、キューが空になるまでサブタスクを処理するJobを起動する準備ができました。

コンシューマJobを作成する

ここからがおもしろいところです。kuardは、コンシューマとしても動作します。例10-7の設定を使用して、キューからサブタスクを取り出し、キューが空になったら終了するようにkuardを動かしてみましょう。

例10-7　job-consumers.yaml

```yaml
apiVersion: batch/v1
kind: Job
metadata:
  labels:
    app: message-queue
    component: consumer
    chapter: jobs
  name: consumers
spec:
  parallelism: 5
  template:
    metadata:
      labels:
        app: message-queue
        component: consumer
        chapter: jobs
    spec:
      containers:
      - name: worker
        image: "gcr.io/kuar-demo/kuard-amd64:1"
        imagePullPolicy: Always
        args:
        - "--keygen-enable"
        - "--keygen-exit-on-complete"
        - "--keygen-memq-server=http://queue:8080/memq/server"
        - "--keygen-memq-queue=keygen"
      restartPolicy: OnFailure
```

ここでは、5つのPodを並列に起動するようJobに指示しています。completionsパラメータが設定されていないので、最初のPodが戻り値0で正常終了するとJobは終了の準備を始め、新しいPodを作成しなくなります。つまり、各ワーカPodは処理が完了するまで終了せず、仕上げのプロセスに入ります。

次のコマンドでJob consumerを作成します。

```
$ kubectl apply -f job-consumers.yaml
job "consumers" created
```

Jobが作成されたら、Jobを構成するPodを確認できます。

```
$ kubectl get pods
NAME              READY  STATUS    RESTARTS  AGE
queue-43s87       1/1    Running   0         5m
consumers-6wjxc   1/1    Running   0         2m
consumers-7l5mh   1/1    Running   0         2m
consumers-hvz42   1/1    Running   0         2m
consumers-pc8hr   1/1    Running   0         2m
consumers-w20cc   1/1    Running   0         2m
```

5つのPodが並列に動いていることに注意して下さい。これらのPodは、キューが空になるまで動き続けます。キューサーバのUIでもその動作が示されていることを確認しましょう。キューが空になると、コンシューマのPodは正常終了し、Job consumerは完了したと判断されます。

掃除

Labelを指定して、この章で使用したものをすべて削除しましょう。

```
$ kubectl delete rs,svc,job -l chapter=jobs
```

10.3 まとめ

Kubernetesは、Webアプリケーションのように長期間動き続けるワークロードと、バッチJobのように一時的に使用するワークロードの両方を1つのクラスタ内

で管理できます。Jobによる抽象化によって、単純な1回限りのタスクから、処理が完了するまで多数のタスクを実行する並列Jobまで、いろいろなバッチJobのパターンを実現できます。

　Jobは、低レベルで基本的な機能なので、シンプルなワークロードを処理するのに使用できます。しかしKubernetesは、高レベルなオブジェクトを使用して拡張可能なように作られています。Jobもその例外ではなく、高レベルなオーケストレーションシステムからでも複雑な処理を実行するために簡単に利用できます。

11章
ConfigMap と Secret

　コンテナイメージをできる限り再利用可能にしておくのは重要です。同じイメージを開発環境にも、ステージング環境にも、本番環境にも使用可能にしておくべきです。アプリケーションやサービスが違っても使用できるように、イメージを一般化しておくのも同じく重要です。イメージが環境ごとに違うと、テストやバージョン管理がやりにくく、より複雑になります。では、イメージを実行環境に応じて特殊化したい時はどうしたらよいのでしょうか。

　そんな時こそ、ConfigMap と Secret を使うべきです。ConfigMap は、ワークロードに応じた設定情報を保存します。その情報は、細かい情報（短い文字列）でも、ファイル形式の複合的な値でも構いません。Secret は ConfigMap に似ていますが、ワークロードに応じた機密情報を保存するためにあります。パスワードや、TLS 証明書などを保存するのに向いています。

11.1　ConfigMap

　ConfigMapは、小さなファイルシステムを作る Kubernetes オブジェクトです。または、環境ごとやコマンドラインでコンテナを定義する際に使用できる、変数の集まりだとも言えます。重要なのは、ConfigMap は直前に作られた Pod と組み合わせて使うものだということです。使用する ConfigMap を変更するだけで、コンテナイメージと Pod の定義をさまざまなアプリケーションで再利用できます。

11.1.1　ConfigMap の作成

　では、ConfigMap を作ってみましょう。Kubernetes 上の他のオブジェクトと同じく、命令的方法でも、マニフェストファイルからでも作成できます。まずは命令的

な方法を使います。

例 11-1 にあるように、Pod から参照可能にしたい my-config.txt というファイルがディスク上にあるとします。

例 11-1　my-config.txt

```
# アプリケーションの設定に使用する設定ファイルのサンプル
parameter1 = value1
parameter2 = value2
```

次に、このファイルから ConfigMap を作成します。作成時に、いくつかキーと値のペアを使用します。これらの情報は、コマンドラインからリテラル値として与えます。

```
$ kubectl create configmap my-config \
  --from-file=my-config.txt \
  --from-literal=extra-param=extra-value \
  --from-literal=another-param=another-value
```

ここで作成した ConfigMap の YAML 表現は次のようになります。

```
$ kubectl get configmaps my-config -o yaml
apiVersion: v1
data:
  another-param: another-value
  extra-param: extra-value
  my-config.txt: |
    # アプリケーションの設定に使用する設定ファイルのサンプル
    parameter1 = value1
    parameter2 = value2
kind: ConfigMap
  metadata:
    creationTimestamp: ...
    name: my-config
    namespace: default
    resourceVersion: "13556"
    selfLink: /api/v1/namespaces/default/configmaps/my-config
    uid: 3641c553-f7de-11e6-98c9-06135271a273
```

見てのとおり ConfigMap は、オブジェクト内に保存される単なるキーと値のペアです。興味深いのは、ConfigMap を使用する時の仕組みです。

11.1.2　ConfigMap の使用

ConfigMap の値を使う方法には、主に次の3つがあります。

ファイルシステム

　ConfigMap を Pod にマウントできます。キーごとにファイルが作成されます。ファイルの中身はキーに対応する値です。

環境変数

　ConfigMap は、環境変数として動的に設定できます。

コマンドライン引数

　コンテナのコマンドライン引数を、ConfigMap の値を元に動的に生成できます。

これらの方法をまとめて使って kuard のマニフェストを作成したのが、例11-2です。

例11-2　kuard-config.yaml

```
apiVersion: v1
kind: Pod
metadata:
  name: kuard-config
spec:
  containers:
    - name: test-container
      image: gcr.io/kuar-demo/kuard-amd64:1
      imagePullPolicy: Always
      command:
        - "/kuard"
        - "$(EXTRA_PARAM)"
      env:
        - name: ANOTHER_PARAM
          valueFrom:
            configMapKeyRef:
```

```
            name: my-config
            key: another-param
      - name: EXTRA_PARAM
        valueFrom:
          configMapKeyRef:
            name: my-config
            key: extra-param
      volumeMounts:
        - name: config-volume
          mountPath: /config
  volumes:
    - name: config-volume
      configMap:
        name: my-config
  restartPolicy: Never
```

ファイルシステム方式を使用するため、Podの中に新しいVolumeを作り、config-volumeという名前を付けています。それから、このVolumeをConfigMap volumeとして使用し、ConfigMapをマウントするように設定しています。volumeMountで、kuardコンテナがこれをどこにマウントするか設定する必要があります。この例では、/configにマウントしています。

環境変数は、valueFromの内容で定義されます。ここで、ConfigMap名とそのConfigMap内でのキーを指定します。

コマンドライン引数としてConfigMapの値を使うには、環境変数を使用します。Kubernetesは、$(<環境変数名>)という文法で表現された環境変数を、値で置き換えます。

アプリケーションがどのように動くのか見るため、このPodを起動して、ポートフォワードの設定をしましょう。

```
$ kubectl apply -f kuard-config.yaml
$ kubectl port-forward kuard-config 8080
```

ブラウザでhttp://localhost:8080を開くと、それぞれの方法でプログラムに設定された値を確認できます。

"Server Env"タブをクリックして下さい。図11-1にあるように、アプリケーショ

ンが起動された時のコマンドライン引数と、環境変数が表示されます。

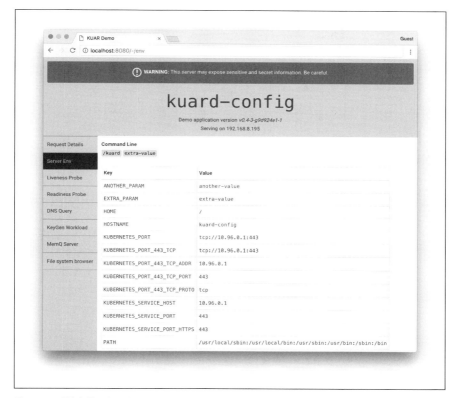

図11-1　環境変数を表示する kuard

ConfigMap 経由で追加した、ANOTHER_PARAM と EXTRA_PARAM の2つの環境変数が確認できます。さらに、kuard のコマンドライン引数として EXTRA_PARAM の値を指定したことも分かります。

次に、"File system browser" タブをクリックして下さい（図11-2参照）。アプリケーションが参照できるファイルシステムを閲覧できます。/config というエントリがあります。これが、ConfigMap を元に作られた Volume です。ここをクリックすると、ConfigMap の各エントリに対してファイルが作成されているのが見えます。また、ConfigMap が更新された時に新しい値をうまく使えるようにするための、隠

しファイル（..から始まるファイル）も確認できます。

図11-2　kuardからみた/configディレクトリの中

11.2　Secret

　ConfigMapsはほとんどの設定データを保持できますが、特に機密性の高い情報は別に扱う必要があります。機密性の高いデータには、パスワードやセキュリティトークン、プライベートキーなどがあります。これらのデータをまとめてSecretと呼びます。Kubernetesは、これらのデータを保存したり操作する手段を提供しています。

　Secretによって、機密情報を入れずにコンテナイメージを作成できるようになります。そのため、コンテナは環境間で移植可能になります。Podマニフェスト内に

明示的な宣言があれば、Pod は Kubernetes API を通して Secret にアクセスできます。この方法によって Kubernetes の Secret API は、監査しやすく、かつ OS の分離の仕組みを使いながら機密設定情報を提供する、アプリケーション指向のメカニズムを提供できるのです。

> 要求内容によっては、Kubernetes の Secret が十分セキュアだと言えない場合もあるかもしれません。Kubernetes 1.6 では、ノード上で root アクセス権を持つユーザは、クラスタ内のすべての Secret にアクセスできます。Kubernetes は、OS のネイティブなコンテナ化の機能を使って、しかるべき Pod だけが Secret を参照できるようにしていますが、ノードと Secret の分離の仕組みはまだ開発中です。
> Kubernetes 1.7 ではこれが少し改善されています。正しく設定されていれば、Secret は暗号化され、またアクセス権のあるノードからしか Secret にアクセスできないよう制限されます。

これ以降、Kubernetes の Secret の作成方法と管理方法、さらにしかるべき Pod から Secret を参照できるようにするベストプラクティスを学んでいきます。

11.2.1　Secret の作成

Secret は、Kubernetes API か kubectl を使用して作成します。Secret はキーと値のペアとして、データ要素を保持します。

この節では、このキーと値のペアというストレージ要件に合うよう、kuardアプリケーションが使用する TLS キーと証明書を保持する Secret を作成します。

> kuard コンテナイメージは TLS 証明書やキーを保持していません。そのため、kuard コンテナは環境間で移植可能であり、パブリックな Docker リポジトリから配布することもできます。

Secret を作成する最初のステップは、保存したいデータを取得することです。kuard アプリケーションの TLS キーと証明書は、次のコマンドを実行するとダウンロードできます（この証明書はこの例以外では使用しないで下さい）。

```
$ curl -o kuard.crt https://storage.googleapis.com/kuar-demo/kuard.crt
$ curl -o kuard.key https://storage.googleapis.com/kuar-demo/kuard.key
```

kuard.crt と kuard.key ファイルをローカルに保存したら、Secret を作成できます。kubectl create secret コマンドで、kuard-tls という Secret を作成しましょう。

```
$ kubectl create secret generic kuard-tls \
  --from-file=kuard.crt \
  --from-file=kuard.key
```

2つのデータ要素を持った kuard-tls という Secret を作成できました。次のコマンドを実行して、詳細を確認しましょう。

```
$ kubectl describe secrets kuard-tls
Name:         kuard-tls
Namespace:    default
Labels:       <none>
Annotations:  <none>

Type:         Opaque

Data
====
kuard.crt:    1050 bytes
kuard.key:    1679 bytes
```

Secret kuard-tlsの準備が整ったら、Secret volume 経由で Pod がこの Secret を使用できるようにします。

11.2.2 Secret の使用

Secret には、API を直接呼ぶ方法を知っているアプリケーションが Kubernetes REST API を使うことでアクセスできます。しかし、ここでのゴールはアプリケーションをポータブルにすることです。Kubernetes 上で動くだけではなく、変更を加えずに他のプラットフォームでも動くようにしたいのです。

そのため、ここでは API サーバを通じて Secret にアクセスするのではなく、Secret volumeを使用します。

Secret volume

Podは、Secret volumeを使用してSecretにアクセスできます。Secret volumeは、kubeletによって管理され、Podの作成時に作成されます。Secretはtmpfsボリューム（RAMディスクとも呼びます）に保存されます。つまり、Secretはノードのディスクに書き込まれません。

Secretの各データ要素は、volumeMountsで指定されたマウントポイント以下に、別々のファイルとして保存されます。Secret kuard-tlsは、kuard.crtとkuard.keyという2つの要素を持っています。そのため、kuard-tlsのSecret volumeを/tlsにマウントすると、次のファイルにアクセスできるようになります。

/tls/kuard.crt
/tls/kuard.key

例11-3のPodマニフェストは、Secret kuard-tlsを/tlsにマウントし、kuardコンテナからアクセス可能にする設定です。

例11-3　kuard-secret.yaml

```
apiVersion: v1
kind: Pod
metadata:
  name: kuard-tls
spec:
  containers:
    - name: kuard-tls
      image: gcr.io/kuar-demo/kuard-amd64:1
      imagePullPolicy: Always
      volumeMounts:
      - name: tls-certs
        mountPath: "/tls"
        readOnly: true
  volumes:
    - name: tls-certs
      secret:
        secretName: kuard-tls
```

kubectlでPod kuard-tlsを作成し、起動したPodのログ出力を見てみましょう。

```
$ kubectl apply -f kuard-secret.yaml
```

Podに接続するには次のコマンドを実行します。

```
$ kubectl port-forward kuard-tls 8443:8443
```

ブラウザでhttps://localhost:8443を開きます。証明書はkuard.example.com用ですが、自己署名証明書のため、不正な証明書の警告が表示されるはずです。警告をスキップして進む[†1]と、HTTPSでホストされたkuardサーバにアクセスできます。"File system browser"タブから、ディスク上に証明書が置かれているのを確認して下さい。

11.2.3 プライベートDockerレジストリ

Secretの特別な使用法として、プライベートDockerレジストリへのアクセスの認証情報の保存に使うことが挙げられます。Kubernetesでは、プライベートレジストリに保存されたイメージを使用できますが、この場合イメージにアクセスするには認証情報が必要です。プライベートなイメージを複数のプライベートレジストリに保存する場合もあります。したがって、それぞれのプライベートレジストリに対する認証情報をクラスタ内の各ノードで管理するのは、困難が伴います。

Image pull secretは、プライベートレジストリの認証情報の配布をSecret APIが自動化できるようにします。Image pull secretは通常のSecretと同じように保存されますが、Pod設定の`spec.imagePullSecrets`フィールドを通じてアクセスされます。

Image pull secretを作成するには、`kubectl create secret docker-registory`を使用します。

```
$ kubectl create secret docker-registry my-image-pull-secret \
  --docker-username=< ユーザ名 > \
  --docker-password=< パスワード > \
  --docker-email=< メールアドレス >
```

[†1] 訳注:不正な証明書の警告をスキップする手順は、使用しているブラウザごとに異なります。ChromeではHttps://support.google.com/chrome/answer/99020、Firefoxではhttps://support.mozilla.org/ja/kb/troubleshoot-SEC_ERROR_UNKNOWN_ISSUER#w_gdaoacuzalaoaoごらん。

例11-4のように、Podマニフェストファイル内でImage pull secretを参照して、プライベートリポジトリへアクセスできるようにしましょう。

例11-4　kuard-secret-ips.yaml

```
apiVersion: v1
kind: Pod
metadata:
  name: kuard-tls
spec:
  containers:
    - name: kuard-tls
      image: gcr.io/kuar-demo/kuard-amd64:1
      imagePullPolicy: Always
      volumeMounts:
        - name: tls-certs
          mountPath: "/tls"
          readOnly: true
  imagePullSecrets:
    - name: my-image-pull-secret
  volumes:
    - name: tls-certs
      secret:
        secretName: kuard-tls
```

11.3　命名規則

　ConfigMapやSecret内のアイテムのキー名は、有効な環境変数名にマッピングされるように定義します。有効な環境変数名は、ドットで始まる可能性があり、その後に文字や数字の列が続きます。文字列には、ドット、ダッシュ、アンダースコアを含みます。ドットが連続したり、ドットとアンダースコアまたはダッシュが隣り合うことはできません。より正確に言うと、正規表現 [.]?[a-zAZ0-9]([.]?[-_a-zA-Z0-9]*[a-zA-Z0-9])* に当てはまる必要があります。ConfigMapやSecretの有効あるいは不正なキー名の例を表11-1にまとめました。

表 11-1　ConfigMap や Secret のキー名の例

有効なキー名	不正なキー名
.auth_token	Token..properties
Key.pem	auth file.json
config_file	_password.txt

> キー名を選択する際には、Volume をマウントしたら Pod がこれらのキーにアクセスすることを忘れないようにして下さい。コマンドラインや設定ファイルからキー名を指定する際に意味のある名前を選びましょう。TLS キーを保存するなら、Secret にアクセスするようアプリケーションの設定をする時、tls-key よりも key.pem の方が分かりやすいでしょう。

ConfigMap の値は、マニフェスト内で直接定義できるシンプルな UTF-8 のテキストです。Kubernetes 1.6 では[†2]、バイナリデータは ConfigMap に保存できません。

Secret の値には、base64 でエンコードした任意のデータを保持できます。base64 エンコーディングを使うと、バイナリデータも保存できます。しかしこれは、YAML ファイルに base64 エンコードした値を YAML ファイルに書き込むことになるので、Secret の管理が難しくなります。

11.4　ConfigMap と Secret の管理

ConfigMap と Secret は、Kubernetes API を通じて管理します。他のオブジェクトでも使用する、create、delete、get、describe の各コマンドが、オブジェクトの操作に使用できます。

11.4.1　一覧表示

kubectl get secrets コマンドで、現在の Namespace 内の全 Secret を一覧表示できます。

```
$ kubectl get secrets
NAME                 TYPE                                  DATA  AGE
default-token-f5jq2  kubernetes.io/service-account-token   3     1h
kuard-tls            Opaque                                2     20m
```

---

†2　訳注：2017 年 12 月現在最新の 1.9 でも、ConfigMap にはテキストデータのみしか保存できません。

同様に、現在の Namespace 内の ConfigMap も一覧表示できます。

```
$ kubectl get configmaps
NAME        DATA    AGE
my-config   3       1m
```

kubectl describe で、オブジェクトの詳細を確認できます。

```
$ kubectl describe configmap my-config
Name:           my-config
Namespace:      default
Labels:         <none>
Annotations:    <none>
Data
====
another-param:  13 bytes
extra-param:    11 bytes
my-config.txt:  116 bytes
```

また、kubectl get configmap my-config -o yaml や kubectl get secret kuard-tls -o yaml といったコマンドを使えば、Secret 内の値も含めた生のデータを得られます。

11.4.2 作成

Secret や ConfigMap を作る最も簡単な方法は、kubectl create secret generic または kubectl create configmap のコマンドを使用することです。Secret や ConfigMap に入れるものを指定する方法は複数ありますが、どちらかのコマンドに次のオプションを付けるだけです。

--from-file=〈ファイル名〉
  Secret の内容をファイルから読み込み、キー名をファイル名と同じにします。

--from-file=〈キー名〉=〈ファイル名〉
  キー名を指定して Secret の内容をファイルから読み込みます。

`--from-file=<ディレクトリ>`

指定したディレクトリの全ファイルから Secret の内容を読み込みます。ファイル名はキー名として使用可能でなければなりません。

`--from-literal=<キー>=<値>`

指定したキーと値のペアを Secret として使用します。

11.4.3　更新

ConfigMap や Secret の更新も可能で、更新した値は起動中のプログラムにも反映されます。アプリケーションが設定値を読み直すようになっているなら、再起動は不要です。あまり使われませんが、アプリケーションに組み込むかもしれない機能です。

次の 3 つが、ConfigMap や Secret を更新する具体的方法です。

ファイルから更新

ConfigMap や Secret のマニフェストがあるなら、それを編集して、`kubectl replace -f <ファイル名>` コマンドで新しいバージョンをプッシュできます。あるいは、前に `kubectl apply` でリソースを作成済みなら、`kubectl apply -f <ファイル名>` も使用可能です。

データファイルはエンコードされてオブジェクトに入れられるので、kubectl で外部ファイルからデータをロードして更新する方法はありません。データは直接 YAML 形式のマニフェストに書き込む必要があります。

ConfigMap はディレクトリあるいはリソース一覧として定義されていて、全データをまとめて作成や更新をするのが、よくあるパターンです。これらのマニフェストは、バージョン管理システムに保存されていることが多いでしょう。

Secret の YAML ファイルをバージョン管理システムに保存するのは、基本的には避けましょう。パブリックなリポジトリにプッシュしてしまったり、Secret を漏洩させる可能性が高くなります。

再作成して更新

ConfigMapやSecretへの入力を、YAMLファイルに直接書き込むのではなく個別のファイルとしてディスク上に保存している場合、kubectlでマニフェストを再作成し、オブジェクトを更新できます。

これは、次のように実行します。

```
$ kubectl create secret generic kuard-tls \
  --from-file=kuard.crt --from-file=kuard.key \
  --dry-run -o yaml | kubectl replace -f -
```

この一連のコマンドは、まず最初に既存のSecretと同じ名前で新しいSecretを作成します。これだけだと、すでに同じ名前のSecretが存在しているとしてKubernetes APIサーバはエラーを返すでしょう。そのため、データをサーバに送るのではなく、APIサーバに送るはずのYAMLを標準出力にダンプするように、kubectlに指示しています。それから、-f - を付けて標準入力からデータを読み込むようにしたkubectl replaceに対して、パイプでデータを渡しています。この方法を使うと、base64エンコードされたデータを手動作成しなくても、ディスク上のファイルからSecretを読み込んで更新できます。

現在のバージョンを更新

ConfigMapを更新する最後の方法は、kubectl editを使ってConfigMapをエディタで開いて更新することです。この方法はSecretにも使えますが、自分でbase64エンコードする必要があるので難しいでしょう。

```
$ kubectl edit configmap my-config
```

このコマンドを実行すると、ConfigMapの定義がエディタで開かれます。必要な編集を加えて保存し、エディタを閉じて下さい。オブジェクトの新しいバージョンがKubernetes APIサーバにプッシュされます。

ライブアップデート

ConfigMapやSecretをAPIで更新すると、そのConfigMapやSecretを使ってい

るすべての Volume に変更がプッシュされます。これには数秒かかることもありますが、前に kuard で確認したように、ファイルの一覧やファイルの中身は新しい値で更新されます。このライブアップデートの機能を使うと、アプリケーションの設定を再起動なしに反映させられます。

現在のところ、新しいバージョンの ConfigMap がデプロイされても、アプリケーションにそれを伝える方法は Kubernetes には備わっていません。したがって、設定ファイルに変更があることをチェックし、それを読み込み直すのはアプリケーション側（あるいは何らかのヘルパースクリプトなど）で実装する必要があります。

Secret や ConfigMap の動的な更新機能を対話的に試してみるには、kubectl port-forward からアクセスできる kuard のファイルブラウザを使うのがよいでしょう。

11.5　まとめ

ConfigMap や Secret は、アプリケーションで動的な設定を使うのに適した方法です。これらの機能によって、コンテナイメージ（あるいは Pod 定義）を一度作成したら、いろいろな場面で使い回せるようになります。つまり、開発環境、ステージング環境、本番環境で全く同じイメージを使うことも可能です。また、1つのイメージを複数のチームやサービスで共通に使うこともできます。設定とアプリケーションコードを切り離すと、アプリケーションの信頼性と再利用性を高めます。

12章
Deployment

　ここまで、コンテナとしてアプリケーションをパッケージングし、コンテナを複製し、トラフィックをロードバランスするServiceを使用する方法を見てきました。アプリケーションの個別のインスタンスを作るのにこれらのオブジェクトを使用します。しかし、アプリケーションの新しいバージョンの定期リリースの流れをうまく管理するためには、あまり役に立ちません。PodもReplicaSetも、変更されないコンテナイメージを扱うために作られているためです。

　Deploymentオブジェクトは、新しいバージョンのリリースを管理する仕組みです。Deploymentは、デプロイされたアプリケーションをバージョンをまたいで表現します。また、Deploymentを使うと、あるバージョンのコードから次のバージョンのコードへ、簡単に移行できます。この「ロールアウト」のプロセスはカスタマイズ可能で、気の利いたものになっています。個別のPodのアップグレード間隔もユーザが設定できます。また、新しいバージョンのアプリケーションが正常に動作しているか確認するためにヘルスチェックを使用でき、多数のエラーが発生したらデプロイを停止することも可能です。

　Deploymentを使うと、ダウンタイムやエラーを発生させずに、新しいバージョンのソフトウェアをシンプルかつ確実にロールアウトできます。Deploymentが実行するソフトウェアのロールアウトは、Kubernetesクラスタ上で動いているDeploymentコントローラによって制御されています。つまり、Deploymentに処理を任せても安全に、確実に処理を続行できます。このため、Deploymentを継続的デリバリのツールやサービスと組み合わせやすくなります。また、プロセスをサーバサイドで動かしている場合には、インターネット接続が不安定なところからでも安全にロールアウト作業ができるようになります。地下鉄に乗っている間に新しいバージョ

ンのソフトウェアをロールアウトすることを考えてみて下さい。Deployment を使えば、それも安全にできるようになります。

Kubernetes がリリースされた当初、紹介する際に人気のあった機能の1つが、起動中のアプリケーションをダウンタイムやリクエストの切断なしにコマンド1つでアップデートする「ローリングアップデート」でした。このデモは、kubectl rolling-update を使って行われていました。このコマンドは今でもコマンドラインツールに含まれていますが、機能的には大部分が Deployment に置き換えられています。

12.1 最初の Deployment

5章で、次のように kubectl run を実行して Pod を作成しました。

```
$ kubectl run nginx --image=nginx:1.7.12
```

このコマンドは、実は内部的には Deployment オブジェクトを作成しています。次のコマンドで、この時作られる Deployment オブジェクトを確認できます。

```
$ kubectl get deployments nginx
NAME    DESIRED   CURRENT   UP-TO-DATE   AVAILABLE   AGE
nginx   1         1         1            1           13s
```

12.1.1 Deployment の仕組み

Deployment がどのように動くのかを見ていきましょう。ReplicaSet が Pod を管理するように、Deployment は ReplicaSet を管理します。Kubernetes 上の他の関連づけの仕組みと同じように、Deployment と ReplicaSet の関係性も Label と Label セレクタで定義します。Deployment オブジェクトの詳細を見ると、Label セレクタも確認できます。

```
$ kubectl get deployments nginx \
  -o jsonpath --template '{.spec.selector.matchLabels}'
map[run:nginx]
```

この実行結果から、Deployment は run=nginx という Label が付いた ReplicaSet

を管理していることが分かります。Labelセレクタに Label を指定すれば、この ReplicaSet を見つけられます。

```
$ kubectl get replicasets --selector=run=nginx
NAME                DESIRED   CURRENT   READY   AGE
nginx-1128242161    1         1         1       13m
```

ここで、Deployment と ReplicaSet の関係を見てみましょう。命令的なコマンド scale を使って、Deployment のサイズを変更できます。

```
$ kubectl scale deployments nginx --replicas=2
deployment "nginx" scaled
```

ReplicaSet の一覧を表示すると、次のような結果が得られます。

```
$ kubectl get replicasets --selector=run=nginx
NAME                DESIRED   CURRENT   READY   AGE
nginx-1128242161    2         2         2       13m
```

Deployment をスケールすると、その管理下にある ReplicaSet もスケールされます。

ここで、Deployment ではなく ReplicaSet をスケールダウンしてみましょう。

```
$ kubectl scale replicasets nginx-1128242161 --replicas=1
replicaset "nginx-1128242161" scaled
```

そして ReplicaSet を確認します。

```
$ kubectl get replicasets --selector=run=nginx
NAME                DESIRED   CURRENT   READY   AGE
nginx-1128242161    2         2         2       13m
```

何か変です。ReplicaSet がレプリカを1つだけしか持たないようスケールダウンしたはずなのに、2つのレプリカが存在しています。何が起きているのでしょうか。

ここで、Kubernetes はオンラインの自己回復可能なシステムであることを思い出しましょう。トップレベルの Deployment オブジェクトがこの ReplicaSet を管理しています。レプリカ数を 1 に変更すると、望ましいレプリカ数であると Deployment が認識している 2 と一致しなくなります。Deployment コントローラはこの相違を認識し、望ましい状態に現状を合わせようとします。つまりここでは、レプリカの数を 2 に戻すことがそれに当たります。

この時、ReplicaSet を直接管理したいなら、Deployment は削除する必要があります。kubectl delete コマンドの --cascade フラグを false に設定するのを忘れないようにして下さい。これを忘れると、ReplicaSet や Pod も削除されてしまいます。

12.2　Deployment の作成

1 章で書いたように、Kubernetes の設定は宣言的に管理することが推奨されています。したがって、Deployment の情報はディスク上の YAML か JSON のファイルに保存しておきましょう。

まず始めに、次のように Deployment の設定を YAML ファイルにダウンロードして下さい。

```
$ kubectl get deployments nginx --export -o yaml > nginx-deployment.yaml
$ kubectl replace -f nginx-deployment.yaml --save-config
```

ファイルの中身は次のようになっています[†1]。

```
apiVersion: extensions/v1beta1
kind: Deployment
metadata:
  annotations:
    deployment.kubernetes.io/revision: "1"
  labels:
    run: nginx
```

[†1] 訳注：このマニフェストでは apiVersion が extensions/v1beta1 となっていますが、これは原著の執筆時点の最新である 1.6 で有効な値です。過去の API バージョンはすぐには廃止されませんが、最新 API バージョンは 1.8 では apps/v1beta2 (https://v1-8.docs.kubernetes.io/docs/api-reference/v1.8/#deployment-v1beta2-apps)、1.9 では apps/v1 (https://v1-9.docs.kubernetes.io/docs/reference/generated/kubernetes-api/v1.9/#deployment-v1-apps) に変わっています。

```
  name: nginx
  namespace: default
spec:
  replicas: 2
  selector:
    matchLabels:
      run: nginx
  strategy:
    rollingUpdate:
      maxSurge: 1
      maxUnavailable: 1
    type: RollingUpdate
  template:
    metadata:
      labels:
        run: nginx
    spec:
      containers:
      - image: nginx:1.7.12
        imagePullPolicy: Always
      dnsPolicy: ClusterFirst
      restartPolicy: Always
```

上のYAMLファイルの中身からは、読み取り専用あるいはデフォルトのフィールドは簡潔化のために削除されています。また、kubectl replace --saveconfigを実行していますが、これによってAnnotationが追加されます。将来また変更を加える際、kubectlはこのAnnotationを使って最後に適用された設定が何かを把握し、設定をうまくマージします。いつもkubectl applyを使っているなら、kubectl create -fでDeploymentを使った後の最初の実行時だけ、このステップを実行します。

Deploymentの設定は、ReplicaSetの設定とよく似ています。その中には、Deploymentが管理するレプリカごとにいくつのコンテナを作るか書かれたPodテンプレートも含まれます。Podの設定に加え、次のようなstrategyオブジェクトもあります。

```
...
  strategy:
    rollingUpdate:
      maxSurge: 1
      maxUnavailable: 1
    type: RollingUpdate
...
```

strategyオブジェクトは、新しいソフトウェアのロールアウトをどのような方法で行うかを決めます。Deploymentでは、RecreateとRollingUpdateという2つの戦略（strategy）がサポートされています。

戦略については、この章の後で詳しく取り上げます。

12.3　Deploymentの管理

他のKubernetesオブジェクトと同じように、kubectl describeコマンドでDeploymentの詳細情報を確認できます。

```
$ kubectl describe deployments nginx
Name:                   nginx
Namespace:              default
CreationTimestamp:      Sat, 31 Dec 2016 09:53:32 -0800
Labels:                 run=nginx
Selector:               run=nginx
Replicas:               2 updated | 2 total | 2 available | 0 unavailable
StrategyType:           RollingUpdate
MinReadySeconds:        0
RollingUpdateStrategy:  1 max unavailable, 1 max surge
OldReplicaSets:         <none>
NewReplicaSet:          nginx-1128242161 (2/2 replicas created)
Events:
  FirstSeen  ...  Message
  ---------  ...  -------
  5m         ...  Scaled up replica set nginx-1128242161 to 1
  4m         ...  Scaled up replica set nginx-1128242161 to 2
```

describeの出力には、重要な情報が多く含まれています。

出力の中で最も重要なのが、OldReplicaSets と NewReplicaSet です。これらのフィールドは、Deployment が管理している ReplicaSet を指しています。Deployment がロールアウトの処理中なら、どちらのフィールドにも値がセットされています。ロールアウトが完了すると、OldReplicaSets は <none> になります。

describe 以外では、kubectl rollout コマンドも Deployment の操作に使用できます。このコマンドについては後で詳しく学びますが、ここでは kubectl rollout history で Deployment に関連づいたロールアウト履歴を取得できることを覚えておきましょう。また、Deployment が進行中なら、ロールアウトのステータスを kubectl rollout status で取得できます。

12.4 Deployment の更新

Deployment は、デプロイされたアプリケーションを記述する、宣言的なオブジェクトです。Deployment の最もよく行われる操作は、スケーリングとアプリケーションのアップデートです。

12.4.1 Deployment のスケール

これまで、kubectl scale コマンドを使った Deployment の命令的なスケールの方法を見てきましたが、Deployment を宣言的に管理するのに最適なのは、YAMLファイルを作成し、それを使って Deployment を更新していくことです。Deployment をスケールするため、YAMLファイルを変更してレプリカ数を増やします。

```
...
spec:
  replicas: 3
...
```

この変更を保存したら、kubectl apply コマンドで Deployment を更新できます。

```
$ kubectl apply -f nginx-deployment.yaml
```

このコマンドは、Deployment の望ましい状態を変更するので、Deployment 配下の ReplicaSet のサイズが大きくなり、Pod が新しく作成されます。

```
$ kubectl get deployments nginx
NAME    DESIRED  CURRENT  UP-TO-DATE  AVAILABLE  AGE
nginx   3        3        3           3          4m
```

12.4.2　コンテナイメージの更新

Deploymentを更新するパターンとして他によくあるのが、コンテナ上で動いているソフトウェアの新しいバージョンをロールアウトすることです。この場合もDeploymentのYAMLファイルを編集する必要がありますが、レプリカ数ではなくコンテナイメージの部分を変更します。

```
...
    containers:
    - image: nginx:1.9.10
      imagePullPolicy: Always
...
```

また、この更新に関連する情報を記録しておくため、Deploymentのテンプレートに Annotation も追加します。

```
...
spec:
  ...
  template:
    metadata:
      annotations:
        kubernetes.io/change-cause: "Update nginx to 1.9.10"
...
```

この Annotation は、Deployment ではなくテンプレートに追加する点に注意して下さい。また、単にスケールする際には Annotation change-cause を更新しないで下さい。change-cause を更新することはテンプレートにとっては大きな変更なので、新しいロールアウト処理が始まってしまいます。

ここでも、Deploymentを更新するのに kubectl apply コマンドを使用できます。

```
$ kubectl apply -f nginx-deployment.yaml
```

Deployment を更新すると、新しいバージョンのロールアウトが始まり、kubectl rollout コマンドでその状況を確認できます。

```
$ kubectl rollout status deployments nginx
deployment nginx successfully rolled out
```

Deployment が管理している新旧両方の ReplicaSets と、使用されているイメージが確認できます。ロールバックする場合に備えて、新旧の ReplicaSets は両方とも保持されます。

```
$ kubectl get replicasets -o wide
NAME               DESIRED   CURRENT   READY ... IMAGE(S)      ...
nginx-1128242161   0         0         0     ... nginx:1.7.12  ...
nginx-1128635377   3         3         3     ... nginx:1.9.10  ...
```

何らかの理由でロールアウトを途中で止めたい場合（システムがおかしな挙動をし始めて調査したい時など）、次の pause コマンドを使用できます。

```
$ kubectl rollout pause deployments nginx
deployment "nginx" paused
```

調査後、ロールアウトをそのまま続けてもいいことが分かったら、resume コマンドを実行すると、一時停止したところからロールアウトを再開します。

```
$ kubectl rollout resume deployments nginx
deployment "nginx" resumed
```

12.4.3 ロールアウト履歴

Kubernetes の Deployment はロールアウト履歴を保持します。この情報は、Deployment の前の状態を把握したり、特定のバージョンにロールバックする際に便利です。

ロールアウト履歴は次のコマンドで取得できます。

```
$ kubectl rollout history deployments nginx
deployments "nginx"
REVISION    CHANGE-CAUSE
1           <none>
2           Update nginx to 1.9.10
```

履歴は、古い方から新しい方に向かって並びます。ロールアウトのたびに一意なリビジョン番号がインクリメントされていきます。ここでは、いちばん最初と、イメージを nginx:1.9.10 に更新する、2つのロールアウト履歴が表示されています。

特定のリビジョンの詳細を確認する時は、--revision フラグを使用できます。

```
$ kubectl rollout history deployment nginx --revision=2
deployments "nginx" with revision #2
  Labels:       pod-template-hash=2738859366
                run=nginx
  Annotations:  kubernetes.io/change-cause=Update nginx to 1.9.10
  Containers:
   nginx:
    Image:      nginx:1.9.10
    Port:
    Volume Mounts:          <none>
    Environment Variables:  <none>
   No volumes.
```

この例でもう一度更新を実行してみましょう。コンテナのバージョンを修正して nginx のバージョンを 1.10.2 にし、change-cause という Annotation を更新して下さい。kubectl apply でこの変更を適用すると、次のように3つの履歴が表示されるようになります。

```
$ kubectl rollout history deployment nginx
deployments "nginx"
REVISION    CHANGE-CAUSE
1           <none>
2           Update nginx to 1.9.10
3           Update nginx to 1.10.2
```

12.4 Deploymentの更新

最新のリリースに問題があり、調査のためにロールバックしたいとしましょう。次のコマンドで最後のロールアウトをロールバックできます。

```
$ kubectl rollout undo deployments nginx
deployment "nginx" rolled back
```

undoコマンドは、ロールアウトのステージに関係なく実行できます。一部だけ完了していても全部完了していてもロールバックできます。ロールアウトをロールバックするのは、単にロールアウトが逆に実行される（例えばv1からv2の逆に、v2からv1）だけで、ロールアウトの戦略と同じものがロールバックでも使用されます。Deploymentオブジェクトは、配下のReplicaSetの望ましいレプリカ数を変更しているだけであることが分かります。

```
$ kubectl get replicasets -o wide
NAME                DESIRED  CURRENT  READY ... IMAGE(S)       ...
nginx-1128242161    0        0        0     ... nginx:1.7.12   ...
nginx-1570155864    0        0        0     ... nginx:1.10.2   ...
nginx-2738859366    3        3        3     ... nginx:1.9.10   ...
```

本番システムを宣言的なファイルで制御する場合、バージョン管理システムにチェックインされたマニフェストは、できる限り実際にクラスタ上で動いているものと一致していて欲しいはずです。kubectl rollout undoを実行すると、バージョン管理システムには状態が反映されないまま、本番システムの状態が更新されてしまいます。
ロールバックを行うもう1つの（そして望ましい）方法は、YAMLファイルを前の状態に戻し、前のバージョンをkubectl applyで適用することです。この方法だと、「変更管理された設定」を見れば、クラスタ上で何が実際に動いているのかを確実に追跡できます。

もう1回、履歴を見てみましょう。

```
$ kubectl rollout history deployments nginx
REVISION   CHANGE-CAUSE
1          <none>
3          Update nginx to 1.10.2
4          Update nginx to 1.9.10
```

リビジョン2が消えています。前のリビジョンをロールバックすると、Deploymentは前のリビジョンのテンプレートを使いまわし、最新のリビジョン番号を付けます。つまり、以前リビジョン2だったものは、ロールバックしたことによってリビジョン4になったのです。

前のバージョンのDeploymentをロールバックするのに、kubectl rollout undoコマンドが使えることを学びました。履歴に含まれる特定のリビジョンへロールバックする際には、--to-revisionフラグが使用できます。

```
$ kubectl rollout undo deployments nginx --to-revision=3
deployment "nginx" rolled back

$ kubectl rollout history deployment nginx
deployments "nginx"
REVISION   CHANGE-CAUSE
1          <none>
4          Update nginx to 1.9.10
5          Update nginx to 1.10.2
```

ここでも、undoはリビジョン3を元に設定を適用し、それをリビジョン5としています。

リビジョン0を指定することは、前のリビジョンを指定するのと同じ意味です。つまり、kubectl rollout undoは、kubectl rollout undo --torevision=0と同じです。

Deploymentの完全な履歴は、デフォルトではDeploymentオブジェクト自体が保持しています。時間の経過と共に（例えば年単位）履歴情報は大きくなるので、長期間使い続ける可能性のあるDeploymentでは、Deploymentオブジェクトのサイズを小さく抑えるために、履歴の最大サイズを指定しておくことをおすすめします。例えば、毎日更新を行い、2週間以上前にロールバックしないのなら、最大14世代分を保持するように設定しておきましょう。

これを実現するには、Deployment設定にあるrevisionHistoryLimitを使用します[2]。

---

[2] 訳注：1.8までの最新のapiVersionであるextensions/v1beta2ではrevisionHistoryLimitのデフォルト値は2（https://v1-8.docs.kubernetes.io/docs/api-reference/v1.8/#deployment-v1beta2-apps）、同じく1.9での最新apiVersionであるapps/v1では10（https://kubernetes.io/docs/reference/generated/kubernetes-api/v1.9/#deployment-v1-apps）です。

```
...
spec:
  # 日次リリースを実施しており、2週間以上前にロールバックすることは
  # ないとして履歴の数を制限
  revisionHistoryLimit: 14
...
```

12.5　Deployment 戦略

Kubernetes Deployment は、サービスを実装するソフトウェアのバージョンを変更する際の戦略として次の 2 つをサポートしています。

- Recreate
- RollingUpdate

12.5.1　Recreate 戦略

Recreate 戦略は、2 つの戦略のうちシンプルな方です。この戦略は、管理している ReplicaSet を、新しいイメージを使うように更新し、Deployment に関連づいた Pod をすべて停止します。この時点で ReplicaSet は、すべてのレプリカがなくなったことを認識し、新しいイメージですべての Pod を再作成します。Pod が再作成されたら、その Pod は新しいイメージで起動しているという仕組みです。

この戦略は高速でシンプルですが、壊滅的な障害を引き起こす可能性があり、そうでなくてもある程度のダウンタイムが避けられないという大きな欠点があります。このため Recreate 戦略は、ユーザに公開していないか、短いダウンタイムなら許容できるようなサービスのテストデプロイにだけ使うのがよいでしょう。

12.5.2　RollingUpdate 戦略

RollingUpdate は、ユーザに公開しているサービスで一般的に使用される戦略です。Recreate より動作は遅いですが、より洗練されて堅牢な作りになっています。RollingUpdate を使うと、ユーザトラフィックを受け付けながらダウンタイムなしで、サービスの新しいバージョンをロールアウトできます。

RollingUpdate 戦略は、名前から分かるようにすべての Pod がソフトウェアの新しいバージョンで動くまで、少数の Pod をまとめてアップデートしていくように動

作します。

サービスの複数のバージョンの管理

　この戦略の動作を考えると、ある一定の時間、新旧両方のバージョンがユーザからのリクエストを受け、トラフィックを処理することになります。これは、ソフトウェア開発の方針に重要な影響を及ぼします。具体的には、ソフトウェアやクライアントの全バージョンが、古いバージョンと新しいバージョンのどちらとも連携できるようにすることが、非常に重要になります。

　なぜこれが重要なのかを表すために、次のシナリオを考えてみましょう。

> フロントエンドソフトウェアのロールアウトの最中であるとしましょう。全サーバの半分はバージョン 1、残りの半分はバージョン 2 で動いています。ユーザがサービスへ最初のリクエストを送り、UI を構成するクライアントサイドの JavaScript ライブラリをダウンロードしました。このリクエストはバージョン 1 のサーバが処理したので、ユーザはバージョン 1 のライブラリを受け取りました。この後、クライアントライブラリがブラウザ上で起動し、サービスに次の API リクエストを送りました。この API リクエストは、今度はバージョン 2 のサーバにルーティングされました。つまり、バージョン 1 の JavaScript ライブラリが、バージョン 2 の API サーバと通信するのです。この時、バージョン 1 と 2 の互換性がないと、アプリケーションはうまく機能しない可能性があります。

　これは、RollingUpdate 戦略を使ったことによる追加負担であるように思えるかもしれません。しかし、単に今まで意識していなかっただけで、実は必ず考えなくてはならない問題です。具体的な流れを挙げましょう。アップデートを行う t 秒前に、あるユーザのリクエストを受け付けます。このリクエストはバージョン 1 のサーバが処理します。時刻 t_1 に、サービスをバージョン 2 にアップデートします。時刻 t_2 に、バージョン 1 のクライアントコードがユーザのブラウザ上で動き、バージョン 2 で動いているサーバの API エンドポイントを叩きます。ソフトウェアのアップデート方法に関係なく、アップデートを信頼性のあるものにするためには、後方互換性を持たなくてはならないことになります。RollingUpdate 戦略を考える時には、こ

の互換性の必要性が明確になるので、どのように対処すべきか分かりやすくなるというわけです。

なお、これはJavaScriptクライアントに限った話ではありません。他のサービスに埋め込まれ、あなたのサービスを呼び出すクライアントライブラリなどでも同じことが言えます。このような後方互換性は、あなたのシステムと他のシステムとを疎結合にするために非常に重要です。APIをしっかりと作り込まず疎結合になっていないと、サービスのロールアウト時に、そのサービスを呼び出すすべてのシステムと注意深い調整をしなければなりません。こういった密結合な仕組みにしてしまうと、毎時間や毎日どころか、週1回のソフトウェア更新すら非常に難しくなります。図12-1は、フロントエンドとバックエンド間をAPIとロードバランサで分離した疎結合なアーキテクチャと、フロントエンドに埋め込まれた多機能なクライアントが直接バックエンドと通信する密結合なアーキテクチャの例です。

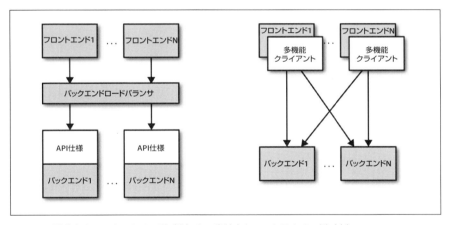

図12-1　疎結合なアーキテクチャ例（左）と、密結合なアーキテクチャ例（右）

ローリングアップデートの設定

RollingUpdateは汎用的に使える戦略で、さまざまな設定の多様なアプリケーションをアップデートできます。そのため、ローリングアップデートを柔軟に設定でき、特定のニーズに合うようアップデートの振る舞いをチューニング可能です。ローリングアップデートの振る舞いを調整するパラメータには、maxUnavailableとmaxSurgeの

2つがあります。

`maxUnavailable` パラメータは、ローリングアップデート中に使用不可能になってもいい Pod の最大数を指定します。この値は、絶対値（例、最大 3 つの Pod が使用不可になってもいいという意味で 3）とパーセンテージ（例、望ましいレプリカ数の内の 20% が使用不可になってもいいという意味で 20%）のどちらにも設定できます。

ほとんどのサービスでは、パーセンテージを使う方がよいでしょう。これは、Deployment 内に存在するべきレプリカ数がいくつであっても正しく適用されるためです。しかし、絶対値を使うべき時もあるはずです（最大使用不可 Pod 数を 1 にしたい時など）。

`maxUnavailable` パラメータは、ローリングアップデートをどのくらいの速さで進めるかをチューニングするものでもあります。例えば、`maxUnavailable` を 50% に設定すれば、ローリングアップグレードが開始すると、ReplicaSet をすぐに 50% スケールダウンします。レプリカが 4 つあれば、2 つにスケールダウンされるということです。ローリングアップデートが、削除された 2 つの Pod を新しい ReplicaSet でスケールアップし、全部で 4 つのレプリカ（新 2、旧 2）が存在する状態にします。最終的には、新しい ReplicaSet で 4 つのレプリカが起動した状態になれば、ロールアウトは完了です。つまり、`maxUnavailable` を 50% に設定することは、ロールアウトを 4 ステップで終了することであり、また 50% のキャパシティしかないタイミングがあることを意味します。

`maxUnavailable` を 25% に設定した場合に何が起きるか考えてみましょう。この場合、各ステップでは 1 つのレプリカしか操作せず、50% の時と比べて完了までに倍のステップが必要です。しかし、ロールアウト中のキャパシティは最大でも 75% までしか下がりません。このように比較してみると、`maxUnavailable` は、ロールアウトのスピードとキャパシティのトレードオフを決めるものであることが分かります。

Recreate 戦略は、`maxUnavailable` を 100% にした RollingUpdate 戦略と実質的に全く同じであることに、鋭い人は気づいたはずです。

サービスのトラフィックに周期的なパターン（夜間のアクセスが少ないなど）がある場合や、現在の最大レプリカ数よりもレプリカ数を多くスケールするのが難しい場合、キャパシティを減らしてロールアウトを行う方法が適しています。

しかし、キャパシティを100%から下げたくないので、ロールアウトを実行するために一時的にリソースを追加したい場合もあるでしょう。その場合、maxUnavailable を 0% に設定し、maxSurge パラメータでロールアウトを制御します。maxUnavailable と同じように maxSurge も、絶対値かパーセンテージのどちらかを指定できます。

maxSurge は、ロールアウトを実行する際にどのくらいの追加リソースを作れるかを制御するパラメータです。このパラメータの動きを理解するのに、あるサービスにレプリカが 10 あると仮定しましょう。maxUnavailable は 0、maxSurge は 20% に設定しています。ロールアウトの最初の処理は、新しい ReplicaSet が 2 つのレプリカを持つようにスケールアップすることです。これにより、レプリカ数の合計は 12（元の 120%）になります。その後、古い ReplicaSet のレプリカ数が 8 にスケールダウンされ、レプリカ数の合計は 10（旧 8、新 2）になります。この流れで処理を続けると、サービスのキャパシティは最低でも 100% を保持し、かつロールアウトに使用する追加リソースは全体の 20% までに抑えられます。

maxSurge を 100% に設定すると、ブルーグリーンデプロイメントができます。Deployment コントローラは、新しいバージョンを古いバージョンと同じ数にスケールアップします。新しいバージョンがすべて動き始めたら、古いバージョンを 0% にスケールダウンします。

12.5.3 サービスの正常性を確保するゆっくりしたロールアウト

段階的にロールアウトを行うと、サービスを新しいソフトウェアバージョンで正常かつ安定した状態で動かせるようになります。このため Deployment コントローラは、次の Pod のアップデートを行う前に、Pod が起動済みであると報告して来るまで、常に待ち続けます。

Deployment コントローラは、Readiness probe の結果で Pod のステータスを判断します。Readiness probe は Pod のヘルスチェックの一種であり、詳しくは 5 章で説明しています。Deployment を使ってソフトウェアを確実にロールアウトしたいなら、Pod 内のコントローラの Readiness probe を**必ず**指定しなければなりません。この設定をしないと、Deployment は Pod が正常に動いているかどうかに関知しません。

しかし場合によっては、Podが起動済みだからと言って正常に動作するとは言えないこともあります。一定時間だけエラーが発生することもあります。例えば、数分間動作した後に発生する致命的なメモリリークや、全リクエストに対して1%だけ発生するバグなどがあり得ます。実環境では、ある程度の時間をおいて正常な動作が確信できてから、次のPodのアップデートに移るようにしたいところです。

Deploymentでは、`minReadySeconds`パラメータでこのような待ち時間を設定できます。

```
...
spec:
  minReadySeconds: 60
...
```

`minReadySeconds`を60に設定すると、DeploymentはPodが起動してから60秒後に、次のPodのアップデートに移ります。

Podが正常な状態になるのを待つ時間を追加するだけでなく、システムが待つ時間を制限するためタイムアウトを設定したい場合もあるでしょう。デッドロックを起こすバグがある場合などが考えられます。このような場合、アプリケーションは永遠に使用可能にならないので、タイムアウトがないとDeploymentコントローラは永遠に待ち続けることになってしまいます。

このような場合、ロールアウトをタイムアウトさせ、ロールアウトを失敗させるのが正しい挙動です。ロールアウトが失敗のステータスになることで、問題があったことをオペレータに知らせるアラートを送ることもできるようになります。

一見するとタイムアウトは不要な設定に思えるかもしれません。しかし、ロールアウトのプロセスの大部分は自動化され、人間が介在することはほとんどありません。そのためタイムアウトは、自動ロールバックを始めるきっかけであると同時に、人間による介入を行うためのチケットなどを作る機会でもあるのです。

タイムアウトを設定するには、Deploymentの`progressDeadlineSeconds`パラメータを使います。

```
...
spec:
  progressDeadlineSeconds: 600
...
```

この例では、タイムアウトを10分に設定しています。ロールアウトのどの段階も10分で中断され、Deploymentは失敗のステータスになり、Deploymentのそれ以降の処理は中止されます。

なお、ここでのタイムアウトはDeploymentの進捗（progress）に対するタイムアウトという意味で、Deployment全体のタイムアウトではありません。進捗とはここでは、DeploymentがPodを作成したり削除するタイミングのことです。タイムアウトが発生すると、タイムアウトクロックは0にリセットされます。図12-2は、Deploymentのライフサイクルを図で表したものです。

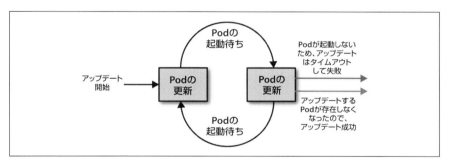

図12-2　Kubernetes Deploymentのライフサイクル

12.6　Deploymentの削除

Deploymentを削除する場合、次の命令的コマンドが使用できます。

```
$ kubectl delete deployments nginx
```

または、前に作った宣言的設定を含むYAMLファイルを使って次のようにも削除できます。

```
$ kubectl delete -f nginx-deployment.yaml
```

どちらの場合でもデフォルトでは、Deploymentを削除するとサービス全体が削除されます。Deploymentだけではなく、配下のReplicaSetや、そのReplicaSetに管理されているPodも削除されます。ReplicaSetの時と同様に、関連するオブジェクトを削除したくない場合、--cascade=falseフラグをつけると、Deploymentオブジェクトだけが削除されます。

12.7 まとめ

Kubernetesの最終的なゴールは、信頼性の高い分散システムを構築してデプロイできるようにすることです。これには、単にアプリケーションを1回立ち上げるだけでなく、サービスの新しいバージョンのロールアウトを定期的にできるようにすることも含まれます。Deploymentは、信頼性の高いロールアウトと、サービスのロールアウトを管理するために重要な機能なのです。

13章
ストレージソリューションと Kubernetes の統合

　アプリケーションとその状態の情報を切り離し、マイクロサービスをできる限りステートレスに構築すると、システムの信頼性が最大化され、管理しやすくなります。

　しかし、複雑性の高いシステムはたいていの場合、ステートフルな情報をどこかに持っているものです。それは、データベースの中のレコードであったり、検索エンジンに結果を返すためのインデックスのシャードであったりします。そのため、どこかのタイミングでデータを保存する場所を持つ必要があります。

　コンテナやコンテナオーケストレーションの仕組みとデータを統合するのは、分散システムを作る上で特に難しい問題です。コンテナを使ったアーキテクチャを採用することはつまり、分離され、イミュータブルで、かつ宣言的なアプリケーション開発を行うことであり、それが問題を難しくしています。コンテナを使ったアーキテクチャは、ステートレスな Web アプリケーションには比較的簡単に適用できますが、Cassandra や MongoDB のような「クラウドネイティブな」ストレージソリューションを使うには、手動あるいは命令的な手順を踏まないと、レプリケーションされた信頼性の高いシステムは作れません。

　例として、MongoDB のレプリカセットをセットアップする場合を考えてみましょう。この時、mongod をデプロイし、命令的な方法でプライマリとその他のノードを特定する必要があります。もちろんこの手順はスクリプトにできますが、コンテナ化してしまうと、Deployment にどのように組み込むか考えづらくなります。さらに、各コンテナの DNS 名を引くことすら簡単ではないことが分かります。

　また、データの重要性もさらに複雑性を増す要因になります。ほとんどのコンテナは、他のシステムと無関係に動いているわけではありません。コンテナは通常、仮想マシンにデプロイされた既存システムと関連しており、そのシステムはインポートし

たりマイグレートする必要があるデータを持っています。

さらに、クラウドが進化するにつれて、ストレージと言ってもそれは外部のクラウドサービスである場合も多くなっています。すると、実際はKubernetesクラスタの中にはデータは存在しません。

この章では、Kubernetes上のコンテナ化されたマイクロサービスにストレージを統合する、さまざまな方法を見ていきます。最初に、既存の外部ストレージソリューション（クラウドサービスや仮想マシン）をKubernetesにインポートする方法を学びます。次に、ストレージをデプロイした既存の仮想マシンに近い環境を、信頼性のある単一PodとしてKubernetes上で動かす方法を見ていきます。最後に、現在まだ開発中[†1]ではあるものの、Kubernetesでステートフルな処理を行うための仕組みであるStatefulSetを学びます。

13.1　外部サービスのインポート

何らかのデータベースサーバが、ネットワーク上ですでに動いている場合が多いでしょう。その場合、既存のサーバ全部をコンテナやKubernetes上にすぐに動かしてしまうわけにはいきません。他のチームが管理しているかもしれませんし、徐々に移行していく必要があるかもしれませんし、データの移行が実はかなり大変な作業かもしれません。

このレガシーなサーバやサービス自体をKubernetes上で動かさない場合でも、このサーバをKubernetesのリソースとして取り扱う価値はあります。そうすれば、Kubernetesの提供しているネーミングやサービスディスカバリの機能を使用できます。さらに、どこかのマシンで動作するデータベースが、あたかもKubernetes Serviceであるかのように扱えるので、アプリケーションもそれに従って設定できます。その結果、実際にKubernetes Serviceとして動いているデータベースで置き換えるのも簡単になります。例えば、サーバ上で動くレガシーなデータベースに本番環境では依存しつつ、継続的テストではテストデータベースを一時的なコンテナ上にデプロイするといったことが可能になります。このコンテナはテストケースを実行する度に作成したり削除したりするため、テストケースではデータの永続性はあまり重要ではありません。テスト環境における本番環境の再現性の高さはつまり、テストがパ

[†1]　訳注: StatefulSetは、原著の執筆時点の最新である1.6では開発中（ベータ）でしたが、2017年12月にリリースされた1.9で、GAになりました（http://blog.kubernetes.io/2017/12/kubernetes-19-workloads-expanded-ecosystem.html）。

スすれば本番でもデプロイに成功する可能性が高くなることを意味します。

テスト環境で本番環境をより忠実に再現するにはどうすべきかを具体的に確認するに当たって、あらゆる Kubernetes オブジェクトは Namespace にデプロイされることを思い出して下さい。test と prod という Namespace を考えてみましょう。テスト用の Service は、オブジェクトを使って次のように記述できます。

```
kind: Service
metadata:
  name: my-database
  # Namespace 'test' はここ
  namespace: test
...
```

異なる Namespace を使う点以外は、本番用の Service も同じです。

```
kind: Service
metadata:
  name: my-database
  # Namespace 'prod' はここ
  namespace: prod
...
```

Pod を test という Namespace にデプロイし、my-database という Service を名前解決すると、テストデータベースを指し示す my-database.test.svc.cluster.local というポインタ（IP アドレス）が受け取れます。一方で、Pod を prod という Namespace にデプロイし、同じく my-database という名前を名前解決すると、本番データベースを指し示す my-database.prod.svc.cluster.local というポインタが割り当てられます。したがって、別々の Namespace に別々の Service が、同一の名前で存在することになります。この仕組みの詳細は、7 章を参照して下さい。

これ以降出て来る例ではデータベースあるいは他のストレージサービスを使用していますが、Kubernetes クラスタ外で動くそれ以外のさまざまなサービスにも同じように適用できます。

13.1.1 セレクタのない Service

最初に Service を紹介した時、Label クエリの仕組みと、Pod の動的な集まりをどのように特定するのかについて詳しく説明しました。しかし、外部サービスにはそのような Label のクエリはありません。その代わり、データベースを動かしている特定サーバを指し示す DNS 名があるはずです。例として、そのサーバの DNS 名は database.company.com だとしましょう。この外部データベースサービスを Kubernetes にインポートするにはまず、Pod セレクタを持たず、データベースサーバの DNS 名を参照する Service を作成します（例13-1）。

例13-1　dns-service.yaml
```
  kind: Service
  apiVersion: v1
  metadata:
    name: external-database
  spec:
    type: ExternalName
    externalName: database.company.com
```

通常の Kubernetes Service が作成されると、IP アドレスも一緒に割り当てられ、Kubernetes DNS Service がその IP アドレスを指し示す A レコードを作成します。ExternalName というタイプの Service を作成すると、指定した外部の DNS 名（今回は database.company.com）を指し示す A レコードの代わりに CNAME レコードを作成します。クラスタ内のアプリケーションが external-database.default.svc.cluster.local というホスト名を DNS 名前解決すると、DNS プロトコルが database.company.com に名前をエイリアスします。この仕組みによって、Kubernetes 上のすべてのコンテナは、コンテナ上で動いているサービスと通信しているかのように、外部のデータベースサーバと通信できるのです。

この方法が使えるのは、自前のインフラ上で動いているデータベースだけではありません。ほとんどのクラウドデータベースなどでは、データベースへのアクセスに DNS 名（例えば my-database.databases.cloudprovider.com）を使用しますが、この DNS 名を externalName に指定できます。これで、クラウド上のデータベースを Kubernetes クラスタの Namespace 上で使用できます。

しかし、外部データベースサービスによっては IP アドレスしか持っていない場合

もあります。この場合でも Kubernetes Service としてこのサーバを使用することはできますが、手順は若干異なります。まず Label セレクタなしの Service を作成するのは同じですが、前に使用した externalName は使用しません（例13-2）。

例13-2　external-ip-service.yaml
```
kind: Service
apiVersion: v1
metadata:
  name: external-ip-database
```

Kubernetes はこの Service に仮想 IP アドレスを割り当て、A レコードを作成します。しかし、この Service にはセレクタがないので、このままではトラフィックをリダイレクトするロードバランサのエンドポイントが存在しません。

このため、外部サービス用であるこの IP アドレスに対して、Endpoints リソースを使ってエンドポイントを別途作成する必要があります（例13-3）。

例13-3　external-ip-endpoints.yaml
```
kind: Endpoints
apiVersion: v1
metadata:
  name: external-ip-database
subsets:
  - addresses:
    - ip: 192.168.0.1
    ports:
    - port: 3306
```

冗長化のために複数の IP がある場合、配列 addresses の要素を繰り返して記述できます。Endpoints が作成されたら、ロードバランサは Kubernetes Service からのトラフィックを Endpoints の IP アドレスにリダイレクトします。

外部サーバの IP アドレスを最新に保つのはユーザの責任という考え方なので、IP アドレスが変わらないようにするか、Endpointsレコードを自動的に更新する仕組みを考える必要があります。

13.1.2　外部サービスの制限：ヘルスチェック

外部サービスはヘルスチェックができないという大きな制限事項があります。Kubernetesに提供されるエンドポイントあるいはDNS名が、アプリケーションが必要とする信頼性を満たすよう、ユーザが責任を持つ必要があります。

13.2　信頼性のある単一Podの実行

Kubernetes上でストレージソリューションを動かす時の難しい点として、ReplicaSetのような基本的機能はすべてのコンテナが同一で置き換え可能であることを求めるのに対して、多くのストレージソリューションではそのような仕組みになっていないことが挙げられます。これを解決する方法の1つに、Kubernetesの機能は使うけれど、ストレージをレプリケーションしないという選択肢があります。レプリケーションしない代わりに、データベースなどのストレージソリューションを動かすPodを1つだけ動かすのです。この方法だと、レプリケーションされたストレージをKubernetes上で扱う必要がありません。

これは、信頼性のある分散システムを構築するという方針に反するように思えるかもしれません。しかし、1台の仮想マシンや物理マシン上でデータベースなどのストレージソリューションを動かすのと、信頼性の点では変わりはありません。システムを正しく設計しているなら、犠牲にしているのは、アップグレードや機器障害の際のダウンタイムだけです。大規模あるいはミッションクリティカルなシステムではもちろんこの構成は採用できませんが、多くの小規模なアプリケーションでは、複雑さを抑えるためのこのような限定的なダウンタイムは、合理的なトレードオフになります。もし単一Podでストレージソリューションを動かすのが許容できないなら、この節は読み飛ばし、前の節で述べた方法で外部サービスを使用するか、後の節で説明するKubernetesのStatefulSetを使用しましょう。ここからは、データストレージ用の信頼性のある単一Podを作成する方法を見ていきます。

13.2.1　MySQLの単一Podでの実行

この節では、MySQLデータベースの単一インスタンスをKubernetes上のPodとして起動する方法と、そのインスタンスをクラスタ内のアプリケーションに公開する方法を説明します。

これから説明することを実現するために、次の3つのオブジェクトを作成します。

- MySQLアプリケーションが動作する寿命とは別にディスクストレージの寿命を管理できるPersistentVolume
- MySQLアプリケーションを動かすMySQLのPod
- このPodをクラスタ内の他のコンテナに公開するためのService

PersistentVolumeについては5章で説明しましたが、簡単に復習しましょう。PersistentVolumeとは、Podあるいはコンテナとは独立した寿命を持つストレージのことです。この仕組みは、データベースアプリケーションを動かしているコンテナがクラッシュしたり、他のマシンに移動したりしても、データベースのディスク上の実体は残さなくてはならないような永続化ストレージを使う場合に便利です。アプリケーションが他のマシンに動いたら、ボリュームはそれと一緒に移動し、データは守られなくてはなりません。これを可能にするには、データストレージをPersistentVolumeとして別に管理する必要があります。それでは、MySQLデータベース用にPersistentVolumeを作りましょう。

ここでの例では、ポータビリティを高めるためにNFSを使いますが、KubernetesはさまざまなタイプのPersistentVolumeをサポートしています。例えば、主要パブリッククラウドプロバイダすべてと、多くのプライベートクラウドプロバイダのPersistentVolumeドライバがあります。これらのドライバを使用するには、nfsとなっている部分を単にクラウドプロバイダごとのボリュームタイプ（azure、awsElasticBlockStore、gcePersistentDiskなど）に置き換えるだけです。指定されたクラウドプロバイダでストレージディスクを作る具体的方法は、Kubernetesが知っています。この仕組みは、Kubernetesが信頼性の高い分散システムの開発をシンプルにしてくれる一例です。

PersistentVolumeオブジェクトの例が例13-4です。

例13-4　nfs-volume.yaml

```
apiVersion: v1
kind: PersistentVolume
metadata:
  name: database
  labels:
    volume: my-volume
spec:
```

```
    accessModes:
      - ReadWriteMany
    capacity:
      storage: 1Gi
    nfs:
      server: 192.168.0.1
      path: "/exports"
```

この設定は、1GBのストレージ容量を持つNFSのPersistentVolumeオブジェクトを定義しています。

いつものように、次のコマンドでPersistentVolumeを作成しましょう。

```
$ kubectl apply -f nfs-volume.yaml
```

これでPersistentVolumeが作成されたので、このPersistentVolumeをPodから取得する必要があります。これは、PersistentVolumeClaimオブジェクトを使って行います（例13-5）。

例13-5　nfs-volume-claim.yaml
```
    kind: PersistentVolumeClaim
    apiVersion: v1
    metadata:
      name: database
    spec:
      resources:
        requests:
          storage: 1Gi
      selector:
        matchLabels:
          volume: my-volume
```

selectorフィールドで、前に定義したボリュームを指定するためにLabelを使用しています。

PersistentVolumeClaimを通じてPersistentVolumeを指定するという点に回りくどさを感じるかもしれませんが、これには理由があります。このように記述することで、ストレージの定義からPodの定義を分離できるのです。Podの定

義内で直接ボリュームを定義することもできますが、そうするとPodの定義はボリュームのプロバイダ（特定のパブリッククラウドなど）に固定されてしまいます。PersistentVolumeClaimを使うことでPodの定義をクラウドと関係ない状態にできるので、クラウドごとにボリュームを別に作成し、PersistentVolumeClaimを使ってボリュームをPodに接続するだけになります。

これでボリュームの取得ができたので、単一Podを作成するReplicaSetを作る準備ができました。Podが1つしかないのにReplicaSetを使うのはおかしく見えるかもしれませんが、これは信頼性の観点から必要なことです。普通のPodは、あるマシンに割り当てられたら、そのマシンに永遠に割り当てられたままになってしまうことを思い出して下さい。もしマシンが故障しても、ReplicaSetのような上位のコントローラに管理されていないPodは、他のマシンに割り当て直されることはありません。したがって、マシンの障害時にデータベースのPodが再割り当てされるようにするには、Podより上位のコントローラであるReplicaSetを使用する必要があります。この時、データベースは1台でよいので、レプリカサイズは1になります（例13-6）。

例13-6　mysql-replicaset.yaml

```
apiVersion: extensions/v1beta1
kind: ReplicaSet
metadata:
  name: mysql
  # ServiceをこのPodに割り当てるためのLabel
  labels:
    app: mysql
spec:
  replicas: 1
  selector:
    matchLabels:
      app: mysql
  template:
    metadata:
      labels:
        app: mysql
    spec:
      containers:
```

```yaml
    - name: database
      image: mysql
      resources:
        requests:
          cpu: 1
          memory: 2Gi
      env:
      # セキュリティ的には環境変数を使うのはベストプラクティスとは言えませんが、
      # 分かりやすさを優先しています。
      # よりよい方法が何かは11章を見て下さい。
      - name: MYSQL_ROOT_PASSWORD
        value: some-password-here
      livenessProbe:
        tcpSocket:
          port: 3306
      ports:
      - containerPort: 3306
      volumeMounts:
      - name: database
        # /var/lib/mysqlは、MySQLがデータベース自体を置く場所
        mountPath: "/var/lib/mysql"
  volumes:
  - name: database
    persistentVolumeClaim:
      claimName: database
```

ReplicaSetを作成すると、最初に作成したPersistentVolumeを使用してMySQLが動くPodが作成されます。最後に、これをKubernetes Serviceとして公開しましょう（例13-7）。

例13-7　mysql-service.yaml

```yaml
apiVersion: v1
kind: Service
metadata:
  name: mysql
spec:
  ports:
  - port: 3306
```

```
    protocol: TCP
  selector:
    app: mysql
```

　これで、mysql という Service 名で公開された、信頼性の高い単一 MySQL インスタンスがクラスタ上で動きます。この Service には、mysql.default.svc.cluster.local というドメイン名でアクセスできます。

　他のデータストアもほぼ同じ手順で使用できます。マシンの障害やデータベースのアップグレードの際にある程度のダウンタイムを許容でき、シンプルな仕組みを実現したいなら、ここで説明したような信頼性のある単一 Pod は、アプリケーションのストレージとしてよい選択肢になるでしょう。

13.2.2　動的ボリューム割り当て

　多くのクラスタでは、**動的ボリューム割り当て**（Dynamic volume provisioning）も使用しています。クラスタオペレータは、動的ボリューム割り当てを使用して StorageClass オブジェクトを作成します。例13-8は、Microsoft Azure 上に自動的にディスクオブジェクトをセットアップする default という StorageClass です[†2]。

例13-8　storageclass.yaml

```
apiVersion: storage.k8s.io/v1beta1
kind: StorageClass
metadata:
  name: default
  annotations:
    storageclass.beta.kubernetes.io/is-default-class: "true"
  labels:
    kubernetes.io/cluster-service: "true"
provisioner: kubernetes.io/azure-disk
```

　クラスタに StorageClass が作られると、特定の PersistentVolume の代わりに PersistentVolumeClaim からこの StorageClass を参照できるようになります。動的

[†2]　訳注：例13-8のマニフェストでは apiVersion が storage.k8s.io/v1beta1 となっていますが、これは原著の執筆時点の最新である1.5で有効な値です。過去の API バージョンはすぐには廃止されませんが、最新 API バージョンは1.6以降では storage.k8s.io/v1（https://v1-6.docs.kubernetes.io/docs/api-reference/v1.6/#storageclass-v1-storage）に変わっています。

ボリューム割り当ての仕組みがPersistentVolumeClaimを確認すると、ボリュームを作成する適切なドライバを使用し、PersistentVolumeClaimに割り当てます。

例13-9は、前に作成したdefaultというStorageClassを使って作成したPersistentVolumeを取得するPersistentVolumeClaimです。

例13-9 dynamic-volume-claim.yaml

```
kind: PersistentVolumeClaim
apiVersion: v1
metadata:
  name: my-claim
  annotations:
    volume.beta.kubernetes.io/storage-class: default
spec:
  accessModes:
  - ReadWriteOnce
  resources:
    requests:
      storage: 10Gi
```

volume.beta.kubernetes.io/storage-classというAnnotationが、前に作成したStorageClassとこのPersistentVolumeClaimを関連付けています[3]。

ストレージを必要とするアプリケーションにとって、PersistentVolumeは使いやすい仕組みです。しかし、可用性が高くスケーラブルなストレージをKubernetesネイティブな方法で開発したいなら、新しくリリースされたStatefulSetオブジェクトも使用できます。次の節では、StatefulSetを使ってMongoDBをデプロイする方法を説明します。

13.3　StatefulSetを使ったKubernetesネイティブなストレージ

Kubernetesが開発された当初は、すべてのレプリカが同一であることが特に重視されていました。そのようなデザインでは、個々のレプリカには独自の動きや設定は

---

[3] 訳注：1.6からは、Annotation volume.beta.kubernetes.io/storage-classの使用は非推奨になっており、代わりにStorageClassNameを使用してStorageClassを指定するように仕様が変更（https://github.com/kubernetes/kubernetes/blob/release-1.6/CHANGELOG-1.6.md#volumes-2）されました。

13.3 StatefulSetを使ったKubernetesネイティブなストレージ

ありません。独自性を持たせるのは、アプリケーション開発者のデザイン手法に任せられていたのです。

このアプローチは、オーケストレーションシステムに分離の考え方をもたらしましたが、ステートフルなアプリケーションを開発するのを難しくしてしまった面もあります。コミュニティからの多数の意見や、ステートフルな既存アプリケーションにおける多くの運用経験を元に、Kubernetes 1.5でStatefulSetが登場しました。

StatefulSetはベータ機能なので、オフィシャルなKubernetes APIに昇格する前にAPIが変更される可能性があります。StatefulSet APIは、たくさんの改善を取り入れておりかなり安定していますが、ベータステータスであることは考えに入れておくのがよいでしょう。ステートフルなアプリケーションを扱う方法としてこれまで述べてきたことは、多くのアプリケーションでそのまま使えるはずです[†4]。

13.3.1 StatefulSetの特徴

StatefulSetは、ReplicaSetに似た、複製されたPodのグループです。しかし、ReplicaSetと違って、次のようなユニークな特徴を持っています。

- 各レプリカには、一意なインデックスを含む永続的なホスト名（例えばdatabase-0、database-1など）が付けられます。

- 各レプリカは、インデックスの数字が小さい順から作成されます。また、インデックスの前の数字のPodが使用可能になるまで、次のPodの作成は開始されません。スケールアップの際にも同じ挙動になります[†5]。

- 削除時、各レプリカはインデックスの数字が大きい順から削除されます。これは、レプリカ数をスケールダウンする際にも同じ挙動になります。

[†4] 訳注：原著の出版時点ではベータ機能でしたが、2017年12月リリースの1.9で、StatefulSetは安定した機能になったと判断され、ベータ機能ではなくGAになりました。

[†5] 訳注：spec.podManagementPolicyをParallelに設定することで、前の数字のPodが使用可能にならなくても並列にPodを作成できる機能が、1.7で追加（https://github.com/kubernetes/kubernetes/pull/44899）されました。

13.3.2 StatefulSetを使ったMongoDBの手動レプリケーション設定

　この節では、レプリケーションされたMongoDBのクラスタをデプロイします。ここでは、StatefulSetがどのように動くかを理解しやすくするため、レプリケーションのセットアップを手動で行います。最終的には、同じことを自動でできるようにします。

　まず最初に、StatefulSetオブジェクトを使用して、MongoDBのPodを3つ作成します（例13-10）[†6]。

例13-10　mongo-simple.yaml

```
apiVersion: apps/v1beta1
kind: StatefulSet
metadata:
  name: mongo
spec:
  serviceName: "mongo"
  replicas: 3
  template:
    metadata:
      labels:
        app: mongo
    spec:
      containers:
      - name: mongodb
        image: mongo:3.4.1
        command:
        - mongod
        - --replSet
        - rs0
        ports:
        - containerPort: 27017
          name: peer
```

[†6] 訳注：例13-10のマニフェストでは apiVersion が apps/v1beta1 となっていますが、これは原著の執筆時点の最新である1.6で有効な値です。過去のAPIバージョンはすぐには廃止されませんが、最新APIバージョンは1.8では apps/v1beta2 (https://v1-8.docs.kubernetes.io/docs/api-reference/v1.8/#statefulset-v1beta2-apps)、1.9では apps/v1 (https://v1-9.docs.kubernetes.io/docs/reference/generated/kubernetes-api/v1.9/#statefulset-v1-apps) に変わっています。

13.3 StatefulSetを使ったKubernetesネイティブなストレージ

見てのとおり、これまで出てきたReplicaSetの定義とよく似ています。違いはapiVersionとkindのフィールドだけです。次のコマンドで、StatefulSetを作成しましょう。

```
$ kubectl apply -f mongo-simple.yaml
```

実際にStatefulSetを作成してみると、ReplicaSetとの違いは明白です。kubectl get podsを実行すると、次のような結果が得られます。

```
NAME      READY  STATUS             RESTARTS  AGE
mongo-0   1/1    Running            0         1m
mongo-1   0/1    ContainerCreating  0         10s
```

ReplicaSetの情報を見た時とこのコマンド実行結果には、重要な違いが2つあります。1つめは、ReplicaSetのPod名にはReplicaSetコントローラによって割り振られたランダムなサフィックスが付いていた一方、StatefulSetのPod名には数字のインデックスが付いている点です。2つめは、ReplicaSetではすべて同時に作られていたPodが、StatefulSetではゆっくりと順番に作られる点です。

StatefulSetを作成したら、StatefulSetに対するDNSエントリを管理する「ヘッドレス」なServiceも作る必要があります。KubernetesにおいてServiceが「ヘッドレスである」とは、そのServiceはクラスタの仮想IPアドレスを持っていないことを意味します。StatefulSetでは各Podには一意な役割があるので、ロードバランシングするIPアドレスがあっても意味がないのです。Serviceの設定でclusterIP: Noneを指定することで、ヘッドレスなServiceを作成できます（例13-11）。

例13-11 mongo-service.yaml

```
apiVersion: v1
kind: Service
metadata:
  name: mongo
spec:
  ports:
  - port: 27017
    name: peer
```

```
clusterIP: None
selector:
  app: mongo
```

Serviceを作成すると、通常はDNSエントリが4つ作られます。mongo.default.svc.cluster.localはいつもとおり作成されますが、通常のServiceと違い、このホスト名をDNS名前解決すると、StatefulSetのすべてのアドレスが返されます。これ以外に、mongo-0.mongo.default.svc.cluster.local、mongo-1.mongo、mongo-2.mongoも作られ、それぞれ各レプリカのIPアドレスに対応しています。このように、StatefulSetでは、各レプリカに明確に定義された永続的な名前が付与されます。これは、ストレージソリューションのレプリケーションを設定する時に特に便利な仕組みです。MongoDBのレプリカの内の1つから次のコマンドを実行すると、これらのDNSエントリの正常動作を確認できます。

```
$ kubectl exec mongo-0 bash ping mongo-1.mongo
```

次は、このPodごとに割り当てられたホスト名を使用してMongoDBのレプリケーションを手動セットアップしてみましょう。

ここでは、mongo-0.mongoを最初のプライマリに選びます。Pod内でmongoコマンドを実行しましょう。

```
$ kubectl exec -it mongo-0 mongo
> rs.initiate( {
  _id: "rs0",
  members:[ { _id: 0, host: "mongo-0.mongo:27017" } ]
});
OK
```

これは、mongo-0.mongoをプライマリレプリカとして、rs0というレプリカセットを起動するようにmongodbに指示するコマンドです。

rs0という名前は任意に付けたものです。代わりに好きな名前を付けても構いませんが、mongo.yamlのStatefulSetの設定も書き換える必要があります。

MongoDBのレプリカセットを作成したら、次のmongoのコマンドをPod mongo-0.mongo内で実行し、残りのレプリカを追加できます。

```
$ kubectl exec -it mongo-0 mongo
> rs.add("mongo-1.mongo:27017");
> rs.add("mongo-2.mongo:27017");
```

見てのとおり、Mongoクラスタにレプリカを追加する際、レプリカに付けられたDNS名を使用しています。これで準備完了です。レプリケーションされたMongoDBが動作している状態です。しかし、このままでは自動化されているとは言えません。次の節で、セットアップを自動化するスクリプトを使う方法を見ていきます。

13.3.3　MongoDBクラスタ構築の自動化

StatefulSetベースのMongoDBクラスタのデプロイを自動化するには、初期化を行うコンテナをPodに追加します。

新しいDockerイメージを構築せずにこの初期化用Podを設定するため、既存のMongoDBイメージにスクリプトを追加する必要があります。そのため、ここではConfigMapを使用します。次が、追加するコンテナの設定です。

```
...
    - name: init-mongo
      image: mongo:3.4.1
      command:
      - bash
      - /config/init.sh
      volumeMounts:
      - name: config
        mountPath: /config
    volumes:
    - name: config
      configMap:
        name: "mongo-init"
```

mongo-init という名前の ConfigMap をマウントしている点に注意して下さい。この ConfigMap には、初期化を行うスクリプトが入っています。このスクリプトは、まず mongo-0 で自分が動いているのかどうかを判断します。mongo-0 上で動いているなら、前に命令的に実行したのと同じレプリカセット作成コマンドを実行します。mongo-0 以外で動いているなら、レプリカセットが作成されるまで待ち、作成されたら自分自身をレプリカセットのメンバとして登録します。

例 13-12 が、完全な ConfigMap オブジェクトの定義です。

例 13-12　mongo-configmap.yaml

```
apiVersion: v1
kind: ConfigMap
metadata:
  name: mongo-init
data:
  init.sh: |
    #!/bin/bash

    # 名前解決ができるよう、Readiness probe が成功するのを待つ必要がある。
    # あまりよくない方法。
    until ping -c 1 ${HOSTNAME}.mongo; do
      echo "waiting for DNS (${HOSTNAME}.mongo)..."
      sleep 2
    done

    until /usr/bin/mongo --eval 'printjson(db.serverStatus())'; do
      echo "connecting to local mongo..."
      sleep 2
    done
    echo "connected to local."

    HOST=mongo-0.mongo:27017

    until /usr/bin/mongo --host=${HOST} --eval 'printjson(db.serverStatus())'; do
      echo "connecting to remote mongo..."
      sleep 2
    done
    echo "connected to remote."
```

13.3 StatefulSetを使ったKubernetesネイティブなストレージ | 189

```
if [[ "${HOSTNAME}" != 'mongo-0' ]]; then
  until /usr/bin/mongo --host=${HOST} --eval="printjson(rs.status())" \
      | grep -v "no replset config has been received"; do
    echo "waiting for replication set initialization"
    sleep 2
  done
  echo "adding self to mongo-0"
  /usr/bin/mongo --host=${HOST} \
      --eval="printjson(rs.add('${HOSTNAME}.mongo'))"
fi

if [[ "${HOSTNAME}" == 'mongo-0' ]]; then
  echo "initializing replica set"
  /usr/bin/mongo --eval="printjson(rs.initiate(\
      {'_id': 'rs0', 'members': [{'_id': 0, \
       'host': 'mongo-0.mongo:27017'}]}))"
fi
echo "initialized"

while true; do
  sleep 3600
done
```

このスクリプトはクラスタを初期化した後、スリープし続けます。Pod内の各コンテナは同じ`RestartPolicy`を持つ必要があります。メインのMongoDBコンテナは再起動したくないので、初期化コンテナも動かし続ける必要があります。初期化コンテナを停止すると、KubernetesはMongoDBのPodが正常でないと判断してしまう可能性があります。

例13-13は、ConfigMapを使用したStatefulの完全な定義です。

例13-13 mongo.yaml

```
apiVersion: apps/v1beta1
kind: StatefulSet
metadata:
  name: mongo
spec:
```

```yaml
  serviceName: "mongo"
  replicas: 3
  template:
    metadata:
      labels:
        app: mongo
    spec:
      containers:
      - name: mongodb
        image: mongo:3.4.1
        command:
        - mongod
        - --replSet
        - rs0
        ports:
        - containerPort: 27017
          name: web
      # このコンテナは mongodb を初期化した後、スリープする
      - name: init-mongo
        image: mongo:3.4.1
        command:
        - bash
        - /config/init.sh
        volumeMounts:
        - name: config
          mountPath: /config
      volumes:
      - name: config
        configMap:
          name: "mongo-init"
```

ここまでに作成したファイルをすべて使用して、MongoDB のクラスタを作成します。

```
$ kubectl apply -f mongo-config-map.yaml
$ kubectl apply -f mongo-service.yaml
$ kubectl apply -f mongo.yaml
```

上記のように別々にファイルを指定してコマンドを実行する代わりに、各オブジェクトを --- で区切り、1 つの YAML ファイルにすべて書いてしまうことも可能です。ただし、StatefulSet の定義は ConfigMap の定義の存在を前提としているので、記述の順序を変えないよう注意して下さい。

13.3.4　PersistentVolume と StatefulSet

　永続化ストレージを使用するには、PersistentVolume を /data/db にマウントする必要があります。具体的には Pod テンプレートで、PersistentVolumeClaim をそのディレクトリにマウントするよう、次のように記述します。

```
...
    volumeMounts:
    - name: database
      mountPath: /data/db
```

　このように PersistentVolumeClaim を使用するのは、信頼性のある単一 Pod の例で見たのと似たアプローチです。しかし、StatefulSet は複数の Pod をレプリケーションするので、単純に PersistentVolumeClaim を参照することはできません。その代わり、PersistentVolumeClaim のテンプレートを使います。これは Pod テンプレートと同じ役割のもので、Pod の代わりに PersistentVolumeClaim を作成します。これを使用するには、次の内容を StatefulSet の定義の最後に追加する必要があります。

```
volumeClaimTemplates:
- metadata:
    name: database
    annotations:
      volume.alpha.kubernetes.io/storage-class: anything
  spec:
    accessModes: [ "ReadWriteOnce" ]
    resources:
      requests:
        storage: 100Gi
```

　StatefulSet の定義に PersistentVolumeClaim テンプレートを追加したら、

StatefulSet コントローラは Pod を作成するたびに、Pod 定義の中のこのテンプレートを元に PersistentVolumeClaim も作成します。

この PersistentVolume が正常に動くようにするには、PersistentVolume を自動的に割り当てるようにするか、StatefulSet が使用するであろう PersistentVolume を事前に作成しておく必要があります。StatefulSet コントローラは、PersistentVolumeClaim が作成できない場合、対応する Pod を作成できません。

13.3.5　最後のポイント：Liveness probe

　この MongoDB クラスタを本番で使用できるようにする最後のステップは、MongoDB を構成するコンテナに Liveness probe を追加することです。「5.6　ヘルスチェック」で学んだように、Liveness probe はコンテナが正常に動いているかどうかを判断する仕組みです。StatefulSet 内の Pod テンプレートに次の設定を追加して、Liveness probe に mongo コマンドを使うようにしましょう。

```
...
  livenessProbe:
    exec:
      command:
        - /usr/bin/mongo
        - --eval
        - db.serverStatus()
    initialDelaySeconds: 10
    timeoutSeconds: 10
...
```

13.4　まとめ

　StatefulSet、PersistentVolumeClaim、Liveness probe の設定をすべて書いたら、堅牢で、スケーラブルで、クラウドネイティブな MongoDB が Kubernetes 上で動かせるようになります。この例では MongoDB を取り上げましたが、他のストレージソリューションを管理する StatefulSet を作る方法もほとんど同じで、同じパターンが適用できます。

14章
実用的なアプリケーションの
デプロイ

これまでの章では、Kubernetesクラスタ上で使用可能なさまざまなAPIオブジェクトと、信頼性の高い分散システムを構築するのにそれらのオブジェクトをどのように使うのがよいのかについて説明してきました。しかし、完成した実際のアプリケーションをデプロイするために、これらのオブジェクトをどのように使うのかについてはあまり取り上げてきていません。この章では、そこに焦点を当ててみます。

ここでは、次の3つの実際に使用されているアプリケーションを見ていきます。

- モバイルアプリ向けのオープンソースAPIであるParse
- ブログとコンテンツ管理プラットフォームであるGhost
- 軽量で高性能なキーバリューストアであるRedis

これらの構築を通じて、Kubernetesを使った自分なりのデプロイ方法の元になるアイディアを得られるはずです。

14.1 Parse

Parse server（http://parseplatform.org/）は、モバイルアプリケーションから簡単に使用できるストレージ機能を提供する、クラウドAPIです。AndroidやiOSなどのモバイルプラットフォームに統合しやすい、さまざまなクライアントライブラリを提供しています。Parseは2013年にFacebookに買収され、その後サービスを停止しました。しかしその後、Parseのコアチームによって互換サーバがオープンソース化されて使用できるようになりました。この節では、Kubernetes上にParseをセットアップする方法を説明します。

14.1.1 前提条件

Parseはストレージとして MongoDB クラスタを使用します。13章で、Kubernetes の StatefulSet を使用して MongoDB のレプリケーション構成をセットアップする方法を説明しました。ここでは、mongo-0.mongo、mongo-1.mongo、mongo-2.mongo という3つのレプリカを持つ MongoDB のクラスタが Kubernetes 上にあるとしましょう。

ここでの手順は、Docker レジストリへのログインアカウントを持っているものとして書いてあります。まだ持っていない場合は、https://docker.com で無料で取得できます。

ここからは、Kubernetes クラスタのデプロイが完了していて、kubectl から操作できる前提で進めます。

14.1.2 parse-server の構築

オープンソースの parse-server には、コンテナ化が容易なようにデフォルトで Dockerfile が付いてきます。まずは、Parse のリポジトリをクローンしましょう。

```
$ git clone https://github.com/ParsePlatform/parse-server
```

それからリポジトリのディレクトリに移動し、イメージをビルドします[†1]。

```
$ cd parse-server
$ docker build -t ${DOCKER_USER}/parse-server .
```

最後に、イメージを Docker Hub にプッシュします。

```
$ docker push ${DOCKER_USER}/parse-server
```

[†1] 訳注:イメージのビルドや、ビルドしたイメージのプッシュの前に、docker login による Docker Hub へのログインが必要です。詳しくは2章の「2.3 リモートレジストリへのイメージの保存」、あるいは docker login コマンドのリファレンス (https://docs.docker.com/engine/reference/commandline/login/) を参照して下さい。

14.1.3 parse-server のデプロイ

コンテナイメージがビルドできたら、parse-serverをクラスタにデプロイするのは簡単です。Parse は、設定の際に次の3つの環境変数を参照します。

APPLICATION_ID
アプリケーションを認証するための識別子

MASTER_KEY
マスタ（root）ユーザを認証するための識別子

DATABASE_URI
MongoDB クラスタの URI

これらをすべて設定すると、例14-1のYAMLファイルを使用して、KubernetesのDeployment として Parse をデプロイできます。

例14-1　parse.yaml

```
apiVersion: extensions/v1beta1
kind: Deployment
metadata:
  name: parse-server
  namespace: default
spec:
  replicas: 1
  template:
    metadata:
      labels:
        run: parse-server
    spec:
      containers:
      - name: parse-server
        image: ${DOCKER_USER}/parse-server
        env:
        - name: DATABASE_URI
          value: "mongodb://mongo-0.mongo:27017,\
            mongo-1.mongo:27017,mongo-2.mongo\
            :27017/dev?replicaSet=rs0"
```

```
    - name: APPLICATION_ID
      value: my-app-id
    - name: MASTER_KEY
      value: my-master-key
```

14.1.4　Parseのテスト

このDeploymentをテストするには、KubernetesのServiceとして公開する必要があります。これには、例14-2のService定義を使用します。

例14-2　parse-service.yaml
```
apiVersion: v1
kind: Service
metadata:
  name: parse-server
  namespace: default
spec:
  ports:
  - port: 1337
    protocol: TCP
    targetPort: 1337
  selector:
    run: parse-server
```

　これでParseサーバが起動し、モバイルアプリケーションからのリクエストを受け付けられるようになります。実際のアプリケーションとして使用するなら、コネクションをHTTPSでセキュアにするなどの調整が必要でしょう。そういった設定の詳細については、parse-serverのGitHubページ（https://github.com/parse-community/parse-server）を参照して下さい。

14.2　Ghost

　Ghostは、JavaScriptで書かれたきれいなインタフェイスを持つブログエンジンです。ファイルベースのSQLiteデータベースか、MySQLをストレージとして使用できます。

14.2.1 Ghost の設定

Ghost は、サーバの機能を記述した単なる JavaScript ファイルを使って設定します。ここではこのファイルを ConfigMap として保存しましょう。Ghost を開発用として使用する設定は、例14-3のようになります。

例14-3 ghost-config.js

```
var path = require('path'),
    config;

config = {
    development: {
        url: 'http://localhost:2368',
        database: {
            client: 'sqlite3',
            connection: {
                filename: path.join(process.env.GHOST_CONTENT,
                                    '/data/ghost-dev.db')
            },
            debug: false
        },
        server: {
            host: '0.0.0.0',
            port: '2368'
        },
        paths: {
            contentPath: path.join(process.env.GHOST_CONTENT, '/')
        }
    }
};

module.exports = config;
```

この設定を ghost-config.js として保存したら、次のコマンドで Kubernetes の ConfigMap オブジェクトを作成します。

```
$ kubectl create cm --from-file ghost-config.js ghost-config
```

これで、ghost-config という名前の ConfigMap が作成されます。この設定ファイルを、コンテナの中にボリュームとしてマウントしましょう。このボリュームをマウントする設定を Pod テンプレートの中に書いた Deployment オブジェクトとして、Ghost をデプロイします（例 14-4）。

例 14-4　ghost.yaml

```yaml
  apiVersion: extensions/v1beta1
  kind: Deployment
  metadata:
    name: ghost
  spec:
    replicas: 1
    selector:
      matchLabels:
        run: ghost
    template:
      metadata:
        labels:
          run: ghost
      spec:
        containers:
        - image: ghost
          name: ghost
          command:
          - sh
          - -c
          - cp /ghost-config/ghost-config.js /var/lib/ghost/config.js
            && /entrypoint.sh npm start
          volumeMounts:
          - mountPath: /ghost-config
            name: config
        volumes:
        - name: config
          configMap:
            defaultMode: 420
            name: ghost-config
```

ここで注意しておきたいのは、ConfigMap ではディレクトリはマウントできます

が個別のファイルはマウントできないので、config.jsファイルをGhostが必要とする場所にコピーしなければならないことです。Ghostでは、そのディレクトリに他のファイルが存在しないようにする必要があるので、単純にConfigMapを/var/lib/ghostにマウントすることはできません。

この設定を次のコマンドで適用します。

```
$ kubectl apply -f ghost.yaml
```

Podが起動したら、次のようにServiceとして公開します。

```
$ kubectl expose deployments ghost --port=2368
```

Serviceが公開されたら、Ghostサーバにアクセスできるように、kubectl proxyコマンドを実行します。

```
$ kubectl proxy
```

それからhttp://localhost:8001/api/v1/namespaces/default/services/ghost/proxy/にブラウザからアクセスし、Ghostを開いてみましょう。

Ghost + MySQL

ここまでの例で挙げた方法で構築したGhostは、ブログのコンテンツをローカルファイルとしてコンテナ内に保存してしまうので、高いスケーラビリティや信頼性を持っているとは言えません。よりスケーラブルなアプローチは、ブログのデータをMySQLに保存する方法でしょう。

データをMySQLに保存するには、まずghost-config.jsを次の設定を含むよう更新します。

```
...
database: {
    client: 'mysql',
    connection: {
        host : 'mysql',
```

```
        user : 'root',
        password : 'root',
        database : 'ghost_db',
        charset : 'utf8'
    }
},
...
```

次に、新しい ghost-config-mysql という ConfigMap オブジェクトを作成します。

```
$ kubectl create configmap ghost-config-mysql --from-file ghost-config.js
```

それから、マウントされる ConfigMap の名前を config-map から config-map-mysql に変更するため、Ghost の Deployment を修正します。

```
...
    configMap:
      name: ghost-config-mysql
...
```

13 章の「13.3 StatefulSet を使った Kubernetes ネイティブなストレージ」で紹介した手順を使用して、MySQL サーバを Kubernetes クラスタにデプロイしましょう。Service の名前は mysql にして下さい。

次のコマンドで、MySQL 上にデータベースを作成する必要があります。

```
$ kubectl exec -it mysql-zzmlw -- mysql -u root -p
Enter password:
Welcome to the MySQL monitor. Commands end with ; or \g.
...

mysql> create database ghost_db;
...
```

最後に、この設定を適用します。

```
$ kubectl apply -f ghost.yaml
```

これでGhostサーバはデータベースから分離されたので、データをレプリカ間で共有しながら、Ghostサーバをスケールアップできるようになりました。

ghost.yamlの spec.replicas を3に変更してから次のコマンドを実行して下さい。

```
$ kubectl apply -f ghost.yaml
```

こうすると、Ghostは3つのレプリカを持つようになります。

14.3 Redis

Redisは、多数の機能を持つインメモリなキーバリューストアとして人気があります。信頼性を持ったRedis Clusterを構築するには、2つのプログラムを連携させる必要があります。そのためPodの抽象化の価値を確認するのに都合がよく、デプロイする対象としておもしろいアプリケーションです。この2つとは、キーバリューストアである redis-server と、Redis Clusterのヘルスチェックとフェイルオーバを管理する redis-sentinel です。

Redisがレプリケーション構成でデプロイされると、読み出しと書き込みの両方の操作を受け付けるマスタサーバが1つ作られます。さらに、マスタに書かれたデータの複製を持ち、読み出しをロードバランスできるレプリカサーバが作成されます。元のマスタの障害が発生すると、どのレプリカもマスタに昇格できます。この昇格がRedis Sentinelによって実行されます。この節で使用する構成では、RedisサーバもRedis Sentinelも同じファイルに設定を記述します。

14.3.1 Redisの設定

Ghostの例と同じく、Redisの構成を設定するのにKubernetesのConfigMapを使用します。Redisはマスタとスレーブレプリカにそれぞれ別の設定ファイルが必要です。マスタを設定するには、例14-5の中身を含む master.conf というファイルを用意します。

例14-5　master.conf
```
bind 0.0.0.0
port 6379

dir /redis-data
```

この設定ファイルは、全ネットワークインタフェイスのポート6379（Redisのデフォルトポート）をバインドし、データを/redis-dataディレクトリに保存するよう指示するものです。

スレーブの設定ファイルはよく似ていますが、slaveofディレクティブが追加されています。例14-6の中身を含むslave.confというファイルを作成します。

例14-6　slave.conf
```
bind 0.0.0.0
port 6379
dir .

slaveof redis-0.redis 6379
```

マスタの名前としてredis-0.redisを使っています。ServiceとStatefulSetを使ってこの名前を設定しましょう。

また、Redis Sentinel用の設定ファイルも必要です。例14-7の中身を含むsentinel.confというファイルを作成します。

例14-7　sentinel.conf
```
bind 0.0.0.0
port 26379

sentinel monitor redis redis-0.redis 6379 2
sentinel parallel-syncs redis 1
sentinel down-after-milliseconds redis 10000
sentinel failover-timeout redis 20000
```

これですべての設定ファイルが揃ったので、StatefulSetのデプロイに使用する簡単なラッパスクリプトを作成する必要があります。

最初のスクリプトは、Podのホスト名を確認してマスタかスレーブかを判断した

後、適切な設定でRedisを起動するものです。例14-8の内容を含むinit.shというファイルを作成します。

例14-8　init.sh
```
#!/bin/bash
if [[ ${HOSTNAME} == 'redis-0' ]]; then
  redis-server /redis-config/master.conf
else
  redis-server /redis-config/slave.conf
fi
```

もう1つのスクリプトは、redis-0.redisというDNS名が使用可能になるのを待ち、Redis Sentinelを起動するものです。例14-9の内容を含むsentinel.shというファイルを作成します。

例14-9　sentinel.sh
```
#!/bin/bash
while ! ping -c 1 redis-0.redis; do
  echo 'Waiting for server'
  sleep 1
done

redis-sentinel /redis-config/sentinel.conf
```

ファイルを作成したら、すべてのファイルをConfigMapオブジェクトに入れる必要があります。次のコマンドを実行します。

```
$ kubectl create configmap \
  --from-file=slave.conf=./slave.conf \
  --from-file=master.conf=./master.conf \
  --from-file=sentinel.conf=./sentinel.conf \
  --from-file=init.sh=./init.sh \
  --from-file=sentinel.sh=./sentinel.sh \
  redis-config
```

14.3.2　Redis の Service の作成

Redis をデプロイする次のステップは、Redis レプリカ（redis-0.redis など）のネーミングとディスカバリを行う Kubernetes Service を作ることです。クラスタ IP アドレスを持たない Service を作成しましょう（例14-10）。

例14-10　redis-service.yaml

```
apiVersion: v1
kind: Service
metadata:
  name: redis
spec:
  ports:
  - port: 6379
    name: peer
  clusterIP: None
  selector:
    app: redis
```

kubectl apply -f redis-service.yamlコマンドで、Service を作成できます。まだこの Service に対応する Pod が存在していませんが気にしないで下さい。特に問題はありません。Pod が作成されたら、Kubernetes が適切な名前を付けてくれます。

14.3.3　Redis のデプロイ

これで Redis Cluster をデプロイする準備ができたので、StatefulSetを作成しましょう。13章の「13.3　StatefulSet を使った Kubernetes ネイティブなストレージ」で StatefulSet を紹介しましたが、その時は MongoDB を使用しました。StatefulSet を使うと、インデックス付け（redis-0.redis など）や、そのインデックスに基づいて順序を付けた作成や削除（redis-0 は常に redis-1 より先に作成されるなど）ができます。これらの機能は、Redis のようなステートフルなアプリケーションには便利です。しかし、これらは Kubernetes Deployment によく似ています。Redis Cluster の StatefulSet は、例14-11のようになります。

例14-11 redis.yaml

```yaml
apiVersion: apps/v1beta1
kind: StatefulSet
metadata:
  name: redis
spec:
  replicas: 3
  serviceName: redis
  template:
    metadata:
      labels:
        app: redis
    spec:
      containers:
      - command: [sh, -c, source /redis-config/init.sh ]
        image: redis:3.2.7-alpine
        name: redis
        ports:
        - containerPort: 6379
          name: redis
        volumeMounts:
        - mountPath: /redis-config
          name: config
        - mountPath: /redis-data
          name: data
      - command: [sh, -c, source /redis-config/sentinel.sh]
        image: redis:3.2.7-alpine
        name: sentinel
        volumeMounts:
        - mountPath: /redis-config
          name: config
      volumes:
      - configMap:
          defaultMode: 420
          name: redis-config
        name: config
      - emptyDir:
        name: data
```

Pod 内には 2 つのコンテナがあります。1 つは、メインの Redis サーバ向けに作成した init.sh スクリプトを実行するコンテナで、もう 1 つはサーバを監視する sentinel です。

また、Pod の中には 2 つのボリュームが定義されています。1 つは、Redis アプリケーションを設定する ConfigMap を使ったボリュームです。もう 1 つは、Redis サーバのコンテナが再起動しても削除されないようにアプリケーションデータを保持するようマップされた、emptyDir ボリュームです。より信頼性の高いシステムを構築するなら、ここには 13 章で紹介したようにネットワークストレージを使用できます。

これで Redis Cluster の準備はすべて整ったので、作成して使ってみましょう。

```
$ kubectl apply -f redis.yaml
```

14.3.4　Redis Cluster を触ってみる

Redis Cluster が正常に作成できたのを確認するため、いくつかのテストを実行してみましょう。

まずは、Redis Sentinel がマスタと認識しているサーバがどれなのかを確認します。Pod のどれかで、次のように redis-cli コマンドを実行してみましょう。

```
$ kubectl exec redis-2 -c redis \
    -- redis-cli -p 26379 sentinel get-master-addr-by-name redis
```

このコマンドは、redis-0 という Pod の IP アドレスを返すはずです。この Pod の IP アドレスは、kubectl get pods -o wide で確認できます。

次に、レプリケーションが正常に動いているか確認します。

レプリカのどれかで、foo の値を確認してみます。

```
$ kubectl exec redis-2 -c redis -- redis-cli -p 6379 get foo
```

この時点ではこのコマンドは何も返さないはずです。

レプリカにデータを書き込んでみましょう。

```
$ kubectl exec redis-2 -c redis -- redis-cli -p 6379 set foo 10
READONLY You can't write against a read only slave.
```

レプリカは読み取り専用なので、データは書き込めません。同じコマンドをredis-0、つまりマスタで実行してみましょう。

```
$ kubectl exec redis-0 -c redis -- redis-cli -p 6379 set foo 10
OK
```

もう一度レプリカからデータを読み出してみましょう。

```
$ kubectl exec redis-2 -c redis -- redis-cli -p 6379 get foo
10
```

書き込んだデータがレプリカで確認できれば、クラスタは正常にセットアップされており、マスタとスレーブ間でデータがレプリケーションされています。

14.4　まとめ

　この章では、Kubernetes のコンセプトを使ってさまざまなアプリケーションをデプロイする方法を説明しました。Ghost のような Web フロントエンドや、Parse のような API サーバをデプロイするために、サービスベースのネーミングやディスカバリを組み合わせる方法を学びました。また、Pod による抽象化のおかげで、信頼性のある Redis Cluster をデプロイするのが簡単になるのを確認しました。これらのアプリケーションを実際に本番環境にデプロイするかどうかはともかく、ここで学んだ例を通して、Kubernetes を使ってアプリケーションを管理するのに使用できるパターンを紹介しました。実際のアプリケーションを使った例を通して、これ以前の各章で学んだコンセプトをどのように使うのかを理解する手助けになることを願っています。

付録 A
Raspberry Pi を使った Kubernetes クラスタ構築

Kubernetes はパブリッククラウドの仮想環境上で動かし、そのクラスタにアクセスするのは Web ブラウザかコンソールから、というのがよくある構成です。しかし、ベアメタル環境を使って Kubernetes を物理的に構築するのも有意義な経験です。ベアメタル環境を使えば、ノードの計算能力やネットワーク性能を物理的に引き出せます。また、Kubernetes の実用性を実感するため、Kubernetes がアプリケーションをどのように回復させるのかを確認するのにも最高の環境です。

自分でクラスタを構築するのは、難しかったり手間がかかったりすると思うかもしれませんが、幸いなことにどちらでもありません。システムオンチップなボードは安価で手に入りやすいこと、Kubernetes のインストールが簡単になるようコミュニティが努力してきたことから、ベアメタル環境上でも小さな Kubernetes クラスタなら数時間で構築できます。

この章では、Raspberry Pi マシンで構成したクラスタを構築する方法を説明します。少し改変を加えれば、同じ手順を使って他のシングルボードコンピュータ上にもクラスタを構築できるはずです。

A.1　パーツ一覧

まずやるべきことは、クラスタの部品を組み立てることです。この章の例では、4 ノードのクラスタを考えます。3 ノードでも、あるいは 100 ノードでもクラスタは構築できますが、4 ノードは手頃な台数でしょう。

クラスタを構築するために必要になるさまざまな部品を購入することから始めます。次の一覧は、執筆時でのおおよその価格を含む、購入する物です。

1. Raspberry Pi 3 ボード（Raspberry Pi 2 でも可）、4つ、$160
2. 8GB 以上の SDHC メモリカード（高速なもの）、4つ、$30〜50
3. 12 インチ（30cm）カテゴリ 6 Ethernet ケーブル、4つ、$10
4. 12 インチ（30cm）USB A-Micro USB ケーブル、4つ、$10
5. 5 ポート 10/100Mbps Fast Ethernet スイッチ、1つ、$10
6. 5 ポート USB 充電器、1つ、$25
7. Raspberry Pi 4 台を入れられるスタッカブルケース、1つ、$40（自作も可）
8. Ethernet スイッチの電源用 USB ケーブル（必要なら）、1つ、$5

クラスタ全体で $300 程度ですが、3 ノードクラスタにしたり、ケースと電源用 USB ケーブルが不要なら $200 程度まで安くなります（ケースとケーブルがあった方がクラスタがきれいに収納できますが）。

パーツを用意したら、クラスタの構築に取り掛かりましょう。

これから説明する手順は、SDHC カードへ書き込み可能なデバイスを持っている前提で書かれています。もし持っていない場合は、USB 接続できるメモリカードライタを購入する必要があります。

A.2　イメージの書き込み

デフォルトの Raspbian イメージは、標準インストール手順で Docker をサポートしています。しかし、さらに簡単に作業を進めるため、Hypriot プロジェクト（http://blog.hypriot.com/）から Docker がインストール済みのイメージも提供されています[†1]。

Hypriot のダウンロードページ（http://blog.hypriot.com/downloads/）を開き、最新の stable イメージをダウンロードして下さい。イメージを展開すると、.img ファイルが入っています。Hypriot プロジェクトは、このイメージをメモリカードに書くための素晴らしいドキュメントも提供しています。

[†1] 訳注：HypriotOS に含まれる Docker のバージョンが、Kubernetes によってサポートされていない場合があるので、それぞれの組み合わせに注意して下さい。HypriotOS に含まれる Docker のバージョンは、HypriotOS のリリースノート（https://github.com/hypriot/image-builder-rpi/releases/latest）に書かれています。Kubernetes がサポートしている Docker のバージョンは、CHANGELOG の External Dependencies の項（https://github.com/kubernetes/kubernetes/blob/master/CHANGELOG-1.9.md）に記載があります。

- macOS（http://blog.hypriot.com/getting-started-with-docker-and-mac-on-the-raspberry-pi/）
- Windows（http://blog.hypriot.com/getting-started-with-docker-and-windows-on-the-raspberry-pi/）
- Linux（http://blog.hypriot.com/getting-started-with-docker-and-linux-on-the-raspberry-pi/）

この手順にしたがって、各ノード用のメモリカードにイメージを書き込んで下さい。

A.3 マスタの起動

次は、マスタノードの起動です。各ノードを組み立てて、どれをマスタノードにするか決めましょう。メモリカードを挿入し、ボードにHDMIケーブルを取り付け、キーボードをUSBポートに接続します。

それからボードに電源を接続しましょう。

プロンプトが表示されたら、ユーザ名 pirate、パスワード hypriot でログインして下さい。

Raspberry Pi（に限らずあらゆるデバイス）を起動して最初にやることは、デフォルトパスワードの変更です。あらゆる機器のあらゆる種類のデフォルトパスワードは、それを使って不正を働こうとする人たちに広く知られてしまっています。インターネットは安全ではありません。デフォルトパスワードは必ず変更しましょう。

A.3.1 ネットワークのセットアップ

次のステップは、マスタのネットワークのセットアップです。

まずWiFiを設定します。これで、クラスタと外の世界を接続できます。/boot/device-init.yaml ファイルを編集し[†2]、環境に合わせてWiFi SSIDとパスワードを変更しましょう。ネットワークの設定を変更する時はいつでもこのファイルを編集します。ファイルの編集後は、sudo reboot コマンドで再起動し、ネットワークが正常に

---

†2 訳注：HypriotOS 1.7.1 で、/boot/device-init.yaml を使用した設定は廃止され、代わりに /boot/user-data を使用するよう変更されました（https://github.com/hypriot/image-builder-rpi/releases/tag/v1.7.1）。

動作するか確認して下さい。

その次は、クラスタの内部ネットワークで使用する静的 IP アドレスを設定します。/etc/network/interfaces.d/eth0 に次の内容を書き込みます。

```
allow-hotplug eth0
iface eth0 inet static
    address 10.0.0.1
    netmask 255.255.255.0
    broadcast 10.0.0.255
    gateway 10.0.0.1
```

これは、メイン Ethernet インタフェイスに、静的アドレス 10.0.0.1 を割り当てる設定です。

10.0.0.1 のアドレスが有効になるように、ノードを再起動します。

次に、マスタがワーカノードに対して IP アドレスを自動で割り当てられるよう、DHCP サーバをインストールします。次のコマンドを実行して下さい。

```
$ apt-get install isc-dhcp-server
```

それから、/etc/dhcp/dhcpd.conf を次のように変更して DHCP サーバを設定します。

```
# 任意のドメイン名を指定
option domain-name "cluster.home";
# デフォルトでは Google DNS だが、ISP が提供する DNS サーバに置き換えてもよい
option domain-name-servers 8.8.8.8, 8.8.4.4;
# サブネットには 10.0.0.X を使用
subnet 10.0.0.0 netmask 255.255.255.0 {
    range 10.0.0.1 10.0.0.10;
    option subnet-mask 255.255.255.0;
    option broadcast-address 10.0.0.255;
    option routers 10.0.0.1;
}
default-lease-time 600;
max-lease-time 7200;
authoritative;
```

sudo systemctl restart dhcpdでDHCPサーバを再起動し、設定を反映します。

これでマスタは他のノードにIPアドレスを割り当てられるようになりました。2台目のノードをEthernetスイッチに接続して電源を入れてみれば、正常に動作しているか確認できます。DHCPサーバはこの2台目のノードに10.0.0.2というIPアドレスを割り当てるはずです。

2台目のノードの/boot/device-init.yamlファイルを編集して、ホスト名をnode-1に変更するのを忘れないようにして下さい。

ネットワーク設定の最後のステップは、各ノードがインターネットに接続できるようにするためのNAT（network address translation）の設定です。

node-0で/etc/sysctl.confを開き、IPフォワーディングを有効にするためにnet.ipv4.ip_forward=1を設定して下さい。

その後、/etc/rc.local（あるいは同じように起動時に実行されるファイル）に、次のiptablesのルールを追加して、eth0からwlan0（およびその逆）へフォワードされるよう設定して下さい。

```
$ iptables -t nat -A POSTROUTING -o wlan0 -j MASQUERADE
$ iptables -A FORWARD -i wlan0 -o eth0 -m state \
  --state RELATED,ESTABLISHED -j ACCEPT
$ iptables -A FORWARD -i eth0 -o wlan0 -j ACCEPT
```

この時点で基本的なネットワーク設定は完了です。残りの2台のボードもネットワークケーブルを接続し、電源を入れましょう。この2台には10.0.0.3と10.0.0.4のIPアドレスが割り当てられるはずです。両ノードの/boot/device-init.yamlを編集して、ホスト名をそれぞれnode-2、node-3に設定して下さい。

/var/lib/dhcp/dhcpd.leasesを見て、DHCPの設定が意図したとおりであることを確認して下さい。また各ノードにSSHで接続し、インターネットへ接続できることを確認して下さい（デフォルトパスワードの変更も忘れないように）。

追加の設定

クラスタの管理を楽にするため、必須ではありませんがやっておいた方がよいネットワーク設定があります。

1つめは、各ノードのホスト名を登録しておくことです。次のエントリを各ノード

の /etc/hosts に追加して下さい。

```
...
10.0.0.1 kubernetes
10.0.0.2 node-1
10.0.0.3 node-2
10.0.0.4 node-3
...
```

これで、ホスト名を使って各ノードに接続できるようになります。

2つめは、パスワードなしでSSHできるようにする設定です。node-0 で ssh-keygen コマンドを実行し、$HOME/.ssh/id_rsa.pub を、node-1、node-2、node-3 の /home/pirate/.ssh/authorized_keys としてコピーして下さい。

A.3.2　Kubernetes のインストール

これで各ノードは、インターネットにアクセス可能な IP アドレスを持って起動してきました。全ノードに Kubernetes をインストールしましょう。

SSH を使って各ノードに接続し、kubelet と kubeadm の各ツールを全ノードにインストールします。コマンドの実行には root 権限が必要なので、sudo su で root ユーザになって下さい。

まずパッケージの暗号化キーを登録します。

```
# curl -s https://packages.cloud.google.com/apt/doc/apt-key.gpg | apt-key add -
```

それからリポジトリリストにリポジトリを登録します。

```
# echo "deb http://apt.kubernetes.io/ kubernetes-xenial main" \
  >> /etc/apt/sources.list.d/kubernetes.list
```

パッケージ情報を更新し、Kubernetes ツールをインストールしましょう。合わせて、システム上の他のパッケージもアップデートしてしまいます。

```
# apt-get update
# apt-get upgrade
# apt-get install -y kubelet kubeadm kubectl kubernetes-cni
```

A.3.3　クラスタのセットアップ

マスタノード（DHCPを動かしていてインターネットに直接接続しているノード）で次のコマンドを実行して下さい[3]。

```
$ kubeadm init --pod-network-cidr 10.244.0.0/16 \
  --api-advertise-addresses 10.0.0.1
```

ここで指定するのは外部IPアドレスではなく、内部のIPアドレスであることに注意して下さい。

実行結果には、クラスタにノードを追加するためのコマンドが表示されます。それは次のようなコマンドです[4]。

```
$ kubeadm join --token=<トークン> 10.0.0.1
```

クラスタの各ワーカノードにSSH接続し、このコマンドを実行し、ノードをクラスタに追加しましょう。

全ノードでこのコマンドを実行したら、クラスタの状態を次のコマンドで確認できます。

```
$ kubectl get nodes
```

クラスタのネットワークのセットアップ

ノードレベルでのネットワークの設定は終わりましたが、Pod間の通信のための設定も行う必要があります。クラスタ内の全ノードが同じ物理Ethernetネットワーク内にあるので、ノードのカーネル上で適切なルーティングルールを設定すればよい

---

[3] 訳注：kubeadm init コマンドのオプションに --api-advertise-addresses が使われていますが、1.6でこのオプションは --apiserver-advertise-address に変更されています。

[4] 訳注：1.9からセキュリティ強化のため、kubeadm join コマンドには --discovery-token-ca-cert-hash sha256:<ハッシュ> オプションの指定（https://github.com/kubernetes/kubernetes/blob/release-1.9/CHANGELOG-1.9.md#cluster-lifecycle-1）が必須になりました。

だけです。

　これを実現する最も簡単なのは、CoreOSが開発したFlannel（https://github.com/coreos/flannel/blob/master/README.md）を使用する方法です。Flannelは、さまざまなルーティングモードをサポートしています。ここではhost-gwモードを使用します。設定例はFlannelプロジェクトのページ（https://github.com/coreos/flannel）からダウンロードできます。

```
$ curl https://rawgit.com/coreos/flannel/master/Documentation/kube-flannel.yml \
  > kube-flannel.yaml
```

　CoreOSが提供しているデフォルト設定は、vxlanモードを使用しており、ARMではなくAMD64アーキテクチャ用になっています。これを修正するには、設定ファイルをエディタで開き、vxlanをhost-gwで、amd64をarmで置き換える必要があります。

　sedを使うと、この置き換えを一度に実行できます。

```
$ curl https://rawgit.com/coreos/flannel/master/Documentation/kube-flannel.yml \
  | sed "s/amd64/arm/g" | sed "s/vxlan/host-gw/g" \
  > kube-flannel.yaml
```

　kube-flannel.yamlファイルを更新したら、次のコマンドでFlannelのネットワーク設定を作成できます。

```
$ kubectl apply -f kube-flannel.yaml
```

　このコマンドを実行すると、Flannelの設定に使用するConfigMapと、Flannelのデーモンを動かすDaemonSetの2つのオブジェクトが作成されます。次のコマンドでこれらのオブジェクトを確認できます。

```
$ kubectl describe --namespace=kube-system configmaps/kube-flannel-cfg
$ kubectl describe --namespace=kube-system daemonsets/kube-flannel-ds
```

GUI のセットアップ

Kubernetes にはリッチな GUI が付属しています。次のコマンドを実行してインストールできます[5]。

```
$ DASHSRC=https://raw.githubusercontent.com/kubernetes/dashboard/master
$ curl -sSL \
    $DASHSRC/src/deploy/recommended/kubernetes-dashboard.yaml \
    | sed "s/amd64/arm/g" \
    | kubectl apply -f -
```

kubectl proxy を実行し、ブラウザで http://localhost:8001/ui を開くと GUI にアクセスできます[6]。ただし、ここでいう localhost はマスタノードのローカルという意味なので、別の PC からアクセスするなら、ssh -L8001:localhost:8001 ＜マスタのIPアドレス＞ を実行して SSH トンネルを作る必要があります。

A.4 まとめ

これで、Raspberry Pi 上で Kubernetes クラスタが動くようになりました。Kubernetes を試してみるには素晴らしい環境です。Job をスケジュールしたり、UI を開いたり、ノードの再起動やネットワークから切断してクラスタを壊したりしてみましょう。

---

[5] 訳注：ここに記載されている kubernetes-dashboard.yaml の URL は、基本的にはその時点で最新の Kubernetes バージョンを使用している場合のみ有効です。YAML ファイル内の冒頭のコメント部分に書かれている対応バージョンを確認して使用して下さい。バージョンを指定して YAML ファイルが必要な場合、URL の master を v1.8.0 といったバージョンに読み替えて下さい。

[6] 訳注：http://localhost:8001/ui からのダッシュボードへのアクセスは、1.10 で廃止される予定です。詳しくは、3 章の「3.5.3 Kubernetes の UI」を参照して下さい。

訳者あとがき

　Kubernetesの開発者として有名な著者陣が、Kubernetesの基本的な機能をひととおり紹介するという流れのこの本『入門Kubernetes』ですが、いかがでしたでしょうか。

　およそ2か月に1度都内で開催されるKubernetesの勉強会であるKubernetes Meetup Tokyo[†1]に、この本を翻訳し始める少し前から参加するようになりました。イベントの募集が開始されると、毎回のようにすぐに参加人数の上限の2倍近くの参加申し込み者数が集まるところから、そんなに参加者が多いのかと度肝を抜かれます。また、その勉強会で発表される内容も、すでにかなり大規模にKubernetesを使用している事例の紹介や、ディープな技術的内容など、レベルの高いものばかりです。この勉強会に参加するだけで、Kubernetesコミュニティの盛り上がりを肌で感じることができます。そのコミュニティの盛り上がりと共にこれからKubernetesがどんどん使われていく、まさにそのタイミングで、この『入門Kubernetes』を世に出せることは、翻訳者として非常にうれしいことです。

　レビュア方々には技術的なアドバイス、あるいはKubernetesの最新情報はもちろん、読者としての立場からの読みやすさに関するご指摘など、たくさんのご指導をいただきました。レビュアとして書籍全体の品質向上にご協力いただいた、スマートニュース株式会社の真幡康徳（@mahata）さん、ゼットラボ株式会社の五十嵐綾（@Ladicle）さん、同じくゼットラボ株式会社の須田一輝（@superbrothers）さん、株式会社サイバーエージェントの須藤涼介（@strsk）さん、株式会社メルカリの中島大一（@deeeet）さん（以上、順不同）に、心からお礼を申し上げます。

　この本を翻訳する機会をいただいた編集者であるオライリー・ジャパンの高恵子さ

[†1] 訳注：https://k8sjp.connpass.com/

んにも、お礼申し上げます。訳文のチェックなどはもちろん、翻訳者としての心構えや、書籍を翻訳するにあたって必要なこともていねいに教えていただきました。

　また、書籍の翻訳をしたいという私の願いを聞くなり高さんを紹介して下さった、玉川竜司さんにも感謝の気持ちをお伝えしたいと思います。玉川さんの翻訳された本にはエンジニアとして度々お世話になって来ており、それが私の翻訳への思いにも繋がっています。

2018 年 3 月

松浦隼人

索引

A

Alpine Linux 19
Amazon
 Amazon Web Services（AWS）...................... 10, 30
 DynamoDB 11
 Elastic Block Store（EBS）................................. 64
Annotation.. 42, 76
 Label との使い分け.. 76

C

Cassandra.. 11, 171
cgroups... 18, 24, 46
ConfigMap 135, 187, 197, 201
 環境変数 137
 キー名選択の注意点 146
 更新 148
  現在のバージョンを更新 149
  再作成して更新 149
  ファイルから更新 148
  ライブアップデート 149
 コマンドライン引数 137
 作成 135, 147
 使用 137
 表示 147
 ファイルシステム 137
 命名規則 145
Context 39

D

DaemonSet 36, 109
 Pod との関係 110
 更新 116

 削除 118
 作成 110
 スケジューラ 110
 特定ノードへの制限 113
 ローリングアップデート 116
Deployment 37, 49, 151
 change-cause（Annotation）................... 158, 160
 Readiness probe 167
 ReplicaSet との関係 154
 strategy オブジェクト 155
 管理 156
 更新 157
  コンテナイメージの更新 158
  スケール 157
  ロールアウト履歴 159
 削除 169
 作成 154
 戦略 163
  Recreate 163
  RollingUpdate 163
 パラメータ
  minReadySeconds 168
  progressDeadlineSeconds 168
  revisionHistoryLimit 162
 ライフサイクル 169
 ローリングアップデート 152
DNS 36, 83
Docker
 Docker Hub 22
 Dockerfile 19
 Docker イメージフォーマット 16, 17
 docker コマンド 17

images 25
login 22
Docker コンテナランタイム 16
docker-gc 25

E
Elasticsearch 54
Endpoints 90, 175
etcd 33

F
Flannel 216
Fluentd 54, 110

G
Ghost 196
Google
   Google Cloud Platform（GCP） 10, 28
      gcloud コマンド 28
   Google Cloud Spanner 11
   Google Container Registry 22
   Google Kubernetes Engine（GKE） 10, 28
   Persistent Disk 64

H
heapster 107
Hypriot プロジェクト 210

I
Ingress 8
iptables 93, 213

J
Job 119
   Label との関係 124
   削除 122
   パターン 120
      1 回限り 120
      一定数成功するまで並列実行 126
      並列実行キュー 128
   パラメータ
      restartPolicy 125
JSONPath 41

K
kops 10
kuard アプリケーション
   GitHub URL 16
   TLS キーと証明書 141
   Web インタフェイス 23
   イメージ 19, 21, 22, 23
   コンテナ 23
   タブ
      File system browser 139
      MemQ Server 130
      Server Env 138
kube-apiserver 94
kube-proxy 93
kube-system（Namespace） 36
kubeadm 214
   コマンド
      init 215
      join 215
kubectl 32, 39
   JSONPath 41
   コマンド
      annotate 42
      apply 41, 50, 112, 138
      autoscale rs 107
      config set-context 39
      cp 43, 55
      create cm 197
      create configmap 136, 147, 200
      create secret docker-registry 144
      create secret generic 142, 147, 149
      delete 42, 53, 118
      delete deployments 78, 169
      delete jobs 122
      delete rs 108
      describe 41, 51, 57, 216
      describe configmap 147
      describe daemonset 112
      describe deployments 156
      describe jobs 123
      describe nodes 33
      describe rs 103
      describe secrets 142

edit	42, 85
edit configmap	149
exec	43, 55, 186, 200, 206
expose	82, 87
expose deployments	199
get	40, 71
get componentstatuses	32
get configmaps	147
get deployments	37, 152
get horizontalpodautoscalers	107
get hpa	107
get nodes	33, 215
get pods	73, 103, 108, 112, 113, 125, 185
get replicasets	153, 159, 161
get secrets	146
get services	37
help	44
label	42, 72
label nodes	114
logs	43, 54
port-forward	54, 83, 86, 94, 130, 138, 144
proxy	37, 199
replace	149
replace –saveconfig	155
rolling-update	152
rollout	157
rollout history	157
rollout history deployments	160, 161
rollout pause deployments	159
rollout resume deployments	159
rollout status	157
rollout status deployments	159
rollout undo deployments	161
run	48, 71, 73, 82, 121, 152
scale	104
scale deployments	153
scale replicasets	153
version	32

フラグ

-o json	40
-o wide	40
-o yaml	40
–cascade	108, 118, 170
–namespace	39
–no-headers	40
–previous	54
–selector	78, 114
–watch	86
kubelet	50, 61, 125, 143, 214

Kubernetes
GUI	37, 217
Kubernetes Proxy	36
利点	2, 12
Kubernetes-as-a-Service（KaaS）	10, 28, 29
利点	10

L

Label	42, 69
Annotation との使い分け	76
更新	72
削除	42
セレクタ	73
Liveness probe	56

M

Microsoft
Azure	10, 29
Azure Cloud Shell	29
Azure Container Service	10, 29
Azure Portal	29
az コマンド	29
Files and Disk Storage	64
minikube	31
MongoDB	11, 171
MySQL	11

N

| Namespace | 8, 12, 39, 173 |

O

| Open Container Initiative（OCI） | 17 |

P

Parse	193
PersistentVolume	11, 177, 191
PersistentVolumeClaim	11, 178

テンプレート 191
Pod 8, 46
　DaemonSet との関係 110
　ReplicaSet との関係 98
　ReplicaSet との使い分け 48
　一覧表示 50
　環境変数の設定 94
　削除 49, 53
　削除の猶予期間（grace period） 53
　作成 48
　詳細情報の表示 51
　ステータス
　　CrashLoopBackOff 125
　　Pending 51
　　Terminating 53
　パラメータ
　　RestartPolicy 189
　マニフェスト 47

R

Raspberry Pi 31, 209
Readiness probe 58, 85
Redis 201
ReplicaSet 49, 97
　Deployment との関係 154
　Pod との関係 98
　更新 105
　削除 108
　作成 102
　スケール 104
　オートスケール 106
　調査 103

S

Secret 140
　Image pull secret 144
　Secret volume 143
　キー名選択の注意点 146
　更新 148
　　現在のバージョンを更新 149
　　再作成して更新 149
　　ファイルから更新 148
　　ライブアップデート 149
　作成 141, 147
　使用 142
　セキュアさ 141
　表示 146
　プライベート Docker レジストリ 144
　命名規則 145
Service 8, 82
　ExternalName 174
　LoadBalancer 89
　NodePort 87
　ヘッドレスな Service 185
Service-level agreement（SLA） 9
SSH トンネル 88, 217
StatefulSet 182, 204
　Readiness probe 192
　作成 185
　特徴 183

V

Volume 62
　永続化データ 64
　キャッシュ 63

あ行

アプリケーションコンテナ 18
アプリケーションコンテナイメージ 15
イメージ
　コンテナのレイヤリング 17
　削除 25
　ファイルの削除 20
　リモートレジストリへの保存 21
イミュータブル 3
イミュータブルなインフラ 3
オーバレイファイルシステム 17

か行

可用性 1
クラスタ IP 83
クラスタスケール 107
現在の状態 98
コンテナ
　コンテナイメージ 16
　コンテナレジストリ 16

利点 2, 12
コンテナランタイム 23

さ行

サービスディスカバリ 81
自己回復するシステム 3, 5, 6
システムコンテナ 18
垂直スケール 107
水平スケール 107
スケール
　オートスケール 7
　オペレーションのスケール 9
　クラスタスケール 107
　垂直スケール 107
　水平 Pod オートスケーリング
　　（horizontal pod autoscaling, HPA） 106
　水平スケール 107
　ソフトウェアのスケール 6
　チームのスケール 6
設定
　宣言的設定 3, 4
　命令的設定 4
宣言的設定 3, 4

た行

調整ループ 98, 110
デフォルトパスワード 211
動的ボリューム割り当て 181

な行

ノードセレクタ 114
望ましい状態 98

は行

パブリックレジストリ 22
ビザンチン障害 15
プライベートレジストリ 22
プロセスヘルスチェック 56
分散システム 1
分離 98
　API によるサーバの分離 6
　ロードバランサによるコンポーネントの分離 ... 6
分離アーキテクチャ 6
ベロシティ 2
ポートフォワード 54

ま行

マイクロサービス 6
　アーキテクチャ 8
ミュータブルなインフラ 3
命令的設定 4

や行

有向非巡回グラフ 18

ら行

ローリングアップデート 116
　DaemonSet 116
　Deployment 163
　設定 165
　パラメータ
　　maxSurge 167
　　maxUnavailable 166
　複数バージョンの管理 164
ロールアウト 116
ロールバック
　イミュータブルインフラのイメージを使った
　　場合 4
　命令的設定を使った変更 5
ログアグリゲーションサービス 54

● 著者紹介

Kelsey Hightower（ケルシー・ハイタワー）
テクノロジ業界でのキャリアを通していろいろな仕事に関わると共に、物事を動かし、ソフトウェアを世に出すことを念頭に置いてリーダとしての役割を楽しんでいる。また、人々を笑顔にするシンプルなツールを作ることを通して、オープンソースを強力に支持している。Go のコードを書いている最中でなければ、プログラミングからシステム管理までさまざまなトピックの勉強会を開いている彼に会えるはずだ。

Brendan Burns（ブレンダン・バーンズ）
ソフトウェア業界で短期間働いた後に、人間に近いロボットアームの行動計画に関するロボット工学の Ph.D. としてキャリアを始めた。その後の短い期間、コンピュータ科学の教授だったこともある。そしてシアトルに戻って Google に加わり、低レイテンシなインデックス付けに特化した Web 検索インフラにかかわった。Google では、Joe と Craig McLuckie と共に Kubernetes を開発した。現在は、Microsoft Azure のエンジニアリング責任者。

Joe Beda（ジョー・ベーダ）
Microsoft で Internet Explorer に関わったのがキャリアの始まり（その時は若くて純粋だった）。Microsoft で 7 年、Google で 10 年に渡り、GUI フレームワーク、リアルタイムボイスチャット、電話、広告向け機械学習、クラウドコンピューティングに関わってきた。中でも注目すべきは、Google 在籍中に、Kubernetes の開発者である Brendan と Craig McLuckie と、Google Compute Engine を立ち上げたことである。現在は Craig と共に創業したスタートアップである、Heptio の CTO を勤めている。Joe は誇りを持って、シアトルを我が家と呼んでいる。

● **訳者紹介**

松浦 隼人（まつうら はやと）

日本語と外国語（英語）の情報量の違いを少しでも小さくしたいという思いから、色々なかたちで翻訳に携わっている。人力翻訳コミュニティ Yakst（https://yakst.com/ja）管理人兼翻訳者。本業はインフラエンジニアで、Web 企業にて各種サービスのデータベースを中心に構築・運用を行った後、現職では Ruby on Rails 製パッケージソフトウェアのテクニカルサポートを行っている。Twitter アカウントは @dblmkt。

● **カバーの説明**

表紙の動物はハンドウイルカ（Tursiops truncatus）です。ハンドウイルカは通常 10 〜 30 頭で「ポッド」と呼ばれる群れを作って暮らしていますが、ポッドのサイズは様々で 1 頭のこともあれば 1,000 頭のこともあります。魚を捕るときはチームを作って捕りますが、1 頭で捕ることもあります。水中音波探知装置のような超音波で物体を測定する能力を使って獲物を探します。

ハンドウイルカは熱帯から温暖な海に生息しています。体はグレーですが、青みがかったグレー、茶色がかったグレー、ほぼ黒など個体差があり、背中から背びれの後ろあたりが黒味がかっています。ハンドウイルカは地球上のあらゆる哺乳類の中で体に対する脳の比率が最も大きく、高い知性と感情を持っていると言われています。

入門 Kubernetes

2018 年 3 月 20 日	初版第 1 刷発行
2018 年 4 月 27 日	初版第 2 刷発行

著　　　者	Kelsey Hightower（ケルシー・ハイタワー）、Brendan Burns（ブレンダン・バーンズ）、Joe Beda（ジョー・ベーダ）
訳　　　者	松浦 隼人（まつうら はやと）
発 行 人	ティム・オライリー
印 刷・製 本	日経印刷株式会社
発 行 所	株式会社オライリー・ジャパン 〒160-0002　東京都新宿区四谷坂町 12 番 22 号 Tel　（03）3356-5227 Fax　（03）3356-5263 電子メール　japan@oreilly.co.jp
発 売 元	株式会社オーム社 〒101-8460　東京都千代田区神田錦町 3-1 Tel　（03）3233-0641（代表） Fax　（03）3233-3440

Printed in Japan（ISBN978-4-87311-840-6）
乱丁、落丁の際はお取り替えいたします。

本書は著作権上の保護を受けています。本書の一部あるいは全部について、株式会社オライリー・ジャパンから文書による許諾を得ずに、いかなる方法においても無断で複写、複製することは禁じられています。